AF470093

LE COMPARATEUR

LINÉAIRE UNIVERSEL

DES MESURES,

A L'USAGE

DE TOUTES LES NATIONS DU GLOBE;

Présentant non-seulement la maniere de transformer entr'elles, sans calcul, et par une seule ouverture de compas, toutes les Mesures possibles, telles formes et dimensions qu'elles aient, et dans tel pays du monde qu'elles soient en usage; mais encore à résoudre, par ce procédé, les multiplications, les divisions, les opérations de change, et toutes les regles ordinaires de l'arithmétique.

Avec une nouvelle Instruction, augmentée de quatre feuilles d'impression.

Ouvrage utile à tous Administrateurs, Fabricans, Négocians, Banquiers, Teneurs de livres, Architectes, Arpenteurs, Notaires publics, etc., et notamment à tous ceux qui font le commerce extérieur.

Par le C^{en}. AUBRY, Géomètre.

A PARIS,

Chez AUBRY, libraire, quai des Augustins, n°. 42.

Floréal, an VI de la République.

Je mets cet ouvrage sous la sauve-garde des loix et la surveillance des amis des arts ; j'invite ces derniers à me faire connaître les corsaires qui se seraient emparés du fruit de mes veilles, afin de les poursuivre devant les tribunaux.

INTRODUCTION.

Eh! qui vous parle de *kilometres*, d'*hectares*, de *doubles décalitres*, de *myriagrammes*, ou si vous voulez même de *myriagraves*, vous qui n'entendez proférer ces mots qu'avec effroi, et qui ne les croyez inventés que pour le supplice de vos oreilles ou le désespoir de votre entendement? Me croyez-vous assez simple pour mettre les mots à la place des choses ? Je m'embarrasse bien vraiment que vous appelliez vos mesures, *arschine*, *canne* ou *metre ; tonde hart-korne*, *bicherée* ou *hectare ; kouchka*, *pinte* ou *litre ; vierdevatz*, boisseau, ou *décalitre ; lispund*, *quintal* ou *hectograve ; rotole* ou *franc?* Je ne m'inquiete, moi, que des moyens de nous entendre dans nos opérations commerciales ; le reste ne me tourmente en aucune maniere.

Vous me proposez d'acheter 25 *schippunds* d'acier, poids de Hambourg, et 32 *fanegas* de bled, mesure de Cadix ; eh bien! croyez-vous que ce sera le nom de ces mesures qui me déterminera à transiger avec vous ? Non, ce sera la connaissance que j'acquerrai de leur valeur spéciale, et celle de leur rapport avec les mesures que je connais ; vous les eussiez appellées de tout autre nom, que je ne me serais pas déterminé davantage. Or, si je demeure en Angleterre, il faudra qu'avant de traiter je sache combien ces *schippunds* font de *hundreds* et de *stricks*; si c'est à Marseille, combien ils font de *quintaux* et de *charges*; si c'est à Naples, combien ils font de *cantaros* et de *tomolos*; si c'est à Pétersbourg, combien ils font de *bergowetz* et de *payocs*; et comme ces nouveaux noms ne feront pas plus sur ma détermination que les premiers, et qu'il n'y aura réellement que la facilité avec laquelle je serai parvenu à connaître le rapport de ces différentes mesures entr'elles, qui m'aura mis à même de transiger sur ce que l'on me propose, j'en concluerai que si on peut découvrir un système de mesures plus simple, plus facile et plus commode qu'aucun de ceux dont on s'est servi jusqu'à ce jour, ce sera nécessairement celui que l'on adoptera de préférence, telle nomenclature qu'on lui donne, et telle division qu'on lui suppose.

C'est donc cette importante considération qui m'a fait entreprendre le Comparateur que j'offre aujourd'hui au public. Quoique les unités métriques qui en font la base soient toutes calculées sur le nouveau système, je n'ai pas voulu pour cela qu'il soit dit qu'un travail dépendît, ni de la longueur d'un morceau de bois, ni de son nom, ni de ses differentes modifications; aussi chacun pourra voir dans ce Comparateur tout ce qu'il voudra; il lui sera libre de le faire rapporter, s'il le veut, aux mesures de son pays, moyennant qu'il en divisera, comme ici, toutes les mesures en cent mille parties, et qu'il dressera des tables d'unités métriques dans le genre de celles que j'ai placées au bas du tableau.

Qu'on se rassure donc sur mes intentions, elles sont pures ; je ne cherche à maîtriser personne ; mon Comparateur est un agent qu'on fait mouvoir à son gré, et qui se prête naturellement à tout ce que l'on peut desirer, soit qu'il s'agisse de transformer des mesures anciennes entr'elles, soit que ce soit des anciennes en nouvelles, soit enfin que ce soit des nouvelles en anciennes. Et ce qu'il y a de plus admirable encore, c'est que ces transformations ont l'avantage de n'exiger aucune étude, et de pouvoir se faire aussi facilement que s'il ne s'agissait que de changer un livre, ou toute autre chose légere, de place.

Il est vrai que pour faire ces transformations, il ne faut pas vouloir rendre raison de tous les usages de cet utile instrument, et qu'il n'y a pas plus d'inconvénient à savoir s'en servir comme d'une *machine à calculer*, qu'à imiter des milliers de leveurs de plans, qui se servent des logarithmes sans en connaître les principes fondamentaux ; mais comme néanmoins ce serait manquer son but que de laisser quelque chose à desirer sur cet objet, et que tout ouvrage doit présenter ses développemens quels qu'ils soient, je vais dans ce qui suit suppléer à ce que ma premiere Instruction ne dit pas, et donner sur-tout la description de mon Comparateur, qui est indispensable pour faire connaître ses innombrables propriétés.

Description du Comparateur linéaire universel.

Le Comparateur linéaire universel est un quarré long, divisée en deux parties inégales (1), l'une sur la gauche, circonscrite par un filet rouge, formant le trapeze régulier A, B, E, F, restant du triangle rectangle C, E, F, dont on a retranché (pour n'avoir pas dans la prolongation des transversales du *trapeze*, qui se dirigent toutes au point C, des figures qui se confondraient par leur extrême rapprochement) la petite partie C, B, A, faisant dans sa réunion totale la moitié du quarré parfait C, P, E, F; et l'autre sur la droite, sans aucun filet de couleur, formant un autre triangle rectangle B, D, E, restant de celui C, P, E, dont on a également retranché, et par le même motif, la grande partie C, P, D, B, faisant dans sa réunion totale l'autre moitié du quarré parfait C, P, E, F.

Ainsi donc, la véritable forme du Comparateur est un quarré parfait, à l'angle supérieur duquel, vers la gauche, devraient aboutir non-seulement toutes les transversales que l'on apperçoit dans le trapeze, mais encore

-----

(1) Voyez la figure gravée que j'ai placée à la fin de cette introduction.

toutes celles que l'on voit dans le triangle adjacent, et qui lui sert d'auxiliaire.

Mais comme l'arithmétique linéaire est l'art de représenter la valeur des chiffres par des distances appréciables à la vue, et de faire par conséquent des calculs sans aucune contention d'esprit, et que par-tout où les distances cessent d'être perceptibles, ces calculs cessent d'être faisables, il suit de-là qu'il fallait à-peu-près s'arrêter où je l'ai fait, et ne présenter par conséquent que le bas du quarré parfait, c'est-à-dire le parallélogramme en question.

Comment aurait-on voulu, en effet, exprimer des valeurs quelconques au-dessous de $0,60$ (1) dans la colonne A, au-dessous de 100 dans la colonne B, et au-dessous de 300 dans la colonne C, s'il eût fallu que les transversales respectives de ces trois colonnes eussent été prolongées jusques à C, où elles se confondent toutes et deviennent le zéro (2), ou seulement l'eussent été jusques à la ligne supérieure du parallélogramme j, k, q, l, m, représentatif du comparateur A, et même jusques à celle du parallélogramme g, h, t, B, A, représentatif du comparateur B.

Il aurait donc fallu, pour ne pas avoir ces

---

(1) Voyez ce que je dis au sujet de la numération des colonnes pages 7 à 10 ci-après.

(2) Il paraîtra sans doute plaisant qu'en arithmétique linéaire on rende sensible jusqu'au zéro.

prolongations à faire, que le comparateur A, pour embrasser tout le systême, eût eu 3 monos de long (1), sur près de 2 de haut, et que les comparateurs B ou C en eussent eu près de 2 de long sur 1 de haut.

Qui ne conviendra alors que ces comparateurs fussent devenus d'une incommodité extrême, en même-temps que leur excessive grandeur eût fait craindre pour leur exécution, et que leur prix eût dépassé tout ce que l'on peut imaginer de plus cher en travaux de ce genre.

Il était donc, comme on voit, infiniment essentiel d'établir les trois colonnes A, B, C, puisque c'était le seul moyen de faire servir les mêmes lignes horisontales et transversales à des valeurs entierement disproportionnées, et que sans cela on ne pouvait faire tout au plus que le sixieme des transformations.

Que l'on jette en effet les yeux sur les deux petits parallélogrammes *j*, *k*, *q*, *l*, *m*, et *g*, *h*, *t*, B, A, dont je viens de parler ; on verra qu'ils sont nécessairement les comparateurs A et B du tableau, puisqu'ils s'étendent, l'un de 0,60 à 200, et l'autre de 100 à 300, et que dans la place qu'ils occupent il est visible que les transversales y seraient beaucoup trop serrées pour pouvoir servir.

Or, en leur faisant occuper successivement

---

(1) C'est-à-dire trois metres.

le trapeze A, B, E, F, et le triangle B, D, E adjacent, ils deviennent convenablement grands, et il ne faut qu'avoir l'attention de combiner les transformations de maniere que les unités métriques des deux mesures à transformer soient entre 0,60 et 200 pour la colonne A, entre 100 et 300 pour la colonne B, et entre 300 et 1000 pour la colonne C, ce qui est de la plus grande facilité pour tout le monde, même quand on serait obligé d'employer quelquefois le doublement et le triplement, ou la prise de la moitié et du tiers, dont je parle aux pages 39 et suivantes.

Il me reste maintenant à dire un mot sur les cinq regles générales et fondamentales du système, que quelques personnes m'ont dit ne pas avoir compris, quoiqu'elles fussent assez clairement énoncées, et que l'ordre naturel de la valeur des transversales exigeàt que je les fisse d'abord considérer comme des *centiemes* et des *dixiemes*, et ensuite comme des *entiers*, des *dixaines d'entiers*, des *centaines d'entiers*, des *milliers d'entiers*, etc.

Est-il, en effet, plus difficile de concevoir que les transversales représentent des centiemes que des *centaines* ou des *milliers* d'objets, quand elles ont cela de commun avec les chiffres, qui expriment eux-mêmes tout ce que l'on veut.

Quand j'ai dit que les lignes horisontales du Comparateur, terminées par un filet de couleur à droite et à gauche, représentent à la fois cinq choses, savoir : *une mesure, dix mesures, cent mesures*, etc., qu'ai-je pu dire autre chose, si ce n'est qu'une *toise quarrée* de roi, par exemple, est représentée par les cent premieres transversales qui coupent la premiere ligne horisontale après le numéro 375 de la colonne C, et qu'ainsi, quand je ne veux transformer que moitié, ou qu'un quart, ou qu'un cinquieme de cette toise, je ne fais qu'ouvrir mon compas de 50 transversales si c'est la moitié, de 25 si c'est le quart, de 20 si c'est le cinquieme, et j'obtiens de savoir ce que ces 50, ces 25 et ces 20 centiemes de la mesure à transformer font de centiemes de la mesure qui reçoit la transformation.

Que dix toises quarrées le sont également par les cent premieres transversales, qui alors valent chacune des dixiemes de toise quarrée, puisque dix fois dix dixiemes font cent dixiemes, autrement dix entiers.

Que cent toises quarrées le sont également par les cent premieres transversales, qui alors valent chacune des toises quarrées.

Et qu'enfin mille toises, dix mille toises, cent mille toises et un million de toises quarrées, le sont toujours par les cent premieres transversales, qui seulement valent chacune en proportion de ce que les cent valent en totalité.

D'où il résulte qu'il ne faut faire aucunement attention à la longueur prolongée de ces mesures hors du trapeze, qui ne sont que le terrein employé de maniere à faire trouver d'un seul coup de compas ce qu'une plus grande mesure contient de parties d'une plus petite, comme par exemple l'*aune* de Paris, représentée par les cent premieres transversales de la ligne horisontale placée un peu au-dessus du numéro 600, qui vaut 119 transversales, c'est-à-dire 1 metre 19 centiemes; (car on apprendra dans la suite de cette Instruction que quand on opere par la colonne A, le comparateur A devient le *metre* des mesures de longueur, l'*are* ou l'*hectare* des mesures de surface, le *stere* ou *metre cube* des mesures de solidité, le *litre* des mesures de capacité, et le *grave* (*kilogramme*) des mesures de pesanteur; de même que quand on opere par les colonne B et C, les comparateurs B et C représentent les mêmes choses; propriété vraiment admirable du nouveau systême des mesures, qui ne contribuera pas peu à le faire goûter de ceux qui préferent les choses les plus simples aux plus compliquées, et qui le rendra même le systême par excellence).

C'est ici le cas de parler de la table générale des fractions, placée à droite du tableau, et de faire voir qu'en en faisant usage, il n'est pas de transformation que le moindre écolier ne soit en état de faire.

S'agit-il, en effet, de transformer isolément, soit 3 huitiemes, soit 7 neuviemes, soit 11 quinziemes d'une chose quelconque, allez successivement aux numérateurs 3, 7, 11, et vous verrez que 3 huitiemes correspondent à 0,375, 7 neuviemes à 0,777, et 11 quinziemes à 0,733, ce qui veut dire qu'il faut, dans le premier cas, ouvrir le compas de 37 transversales et demie, dans le second de 77 transversales 2 tiers, et dans le troisieme de 73 transversales 1 tiers, et le présenter dans ces différens états sur les mesures qui doivent recevoir la transformation, parce qu'alors le nombre de transversales trouvé dans l'ouverture du compas, représente des centiemes de la mesure qui reçoit la transformation.

S'agit-il également de transformer ces mêmes 3 huitiemes, 7 neuviemes et 11 quinziemes, ajoutés à une quantité au-dessous de 10, comme $5\frac{3}{8}$, $6\frac{7}{9}$, et $4\frac{11}{15}$, on ne fait que joindre ces quantités fractionnelles aux unités précédentes pour avoir les sommes suivantes, qui indiquent que pour $5\frac{3}{8}$ il faut ouvrir son compas de 53,75 transversales, c'est-à-dire de 53 transversales 3 quarts, que pour $6\frac{7}{9}$ il faut l'ouvrir de 67,77 transversales, c'est-à-dire de 67 transversales 3 quarts, et que pour $4\frac{11}{15}$ il faut l'ouvrir de 47,33 transversales, c'est-à-dire de 47 transversales 1 tiers.

Quant aux fractions jointes à des quantités passant le nombre *dix*, on les évalue à vue d'œil jusques à *cent*, et passé cent elles sont trop peu sensibles pour s'en occuper.

Ainsi donc, les fractions, qui sont par-tout le fléau du calcul, sont dans mon Comparateur une partie que tout le monde peut entendre, et qui ne peut que faire disparaître à la longue toutes les ridicules dénominations de *tiers*, de *quart*, de *sixieme*, de *quinzieme*, de *vingt-deuxieme*, etc., dont le moindre inconvénient est de n'avoir aucun rapport entr'elles ; tandis qu'en réduisant tout en *centiemes*, on a le plus parfait accord entre les fractions et les entiers.

Il était difficile, comme on le voit, de présenter un ouvrage aussi important dans une circonstance plus heureuse que celle d'une paix générale, qui va nous ouvrir tous les ports, tous les comptoirs des différentes nations, et de l'établissement d'un nouveau systême métrique, qui nous obligera de transformer toutes les mesures anciennes en nouvelles ; aussi justifie-t-il complettement son épigraphe, en nous mettant à même de comparer, avec une facilité qui tient du prodige, toutes les mesures possibles entr'elles, depuis la plus grande lieue terrestre jusqu'à la ligne courante, depuis le muid de terre (les 12 arpens) jusqu'au pouce quarré, depuis la toise cube jusqu'au pouce cube, depuis le tonneau de mer jusqu'à la roquille, depuis le muid de grains jusqu'au quart de litron, et depuis la plus forte pesée de commerce jusqu'au 32ᵉ. de karat.

Il est seulement fâcheux que la table générale des *unités métriques* de tous les pays du globe, à l'aide de laquelle on fait toutes les transformations nécessaires, ne l'accompagne pas; mais comme l'auteur indique dans l'Instruction suivante la maniere de la trouver, et qu'indépendamment de cela il la possede en manuscrit, il se fera un plaisir d'en détacher celles que l'on pourra desirer, et de les communiquer, soit de vive voix, soit par écrit, à tous ceux qui lui indiqueront le nom des places avec lesquelles ils travaillent, ainsi que la nature et l'espece de mesures dont ils se servent habituellement.

Je n'étends pas plus loin cette Introduction, que j'aurais beaucoup mieux traitée si j'avais eu plus de temps à moi; mais les circonstances sont devenues tellement pressantes, que je n'ai eu que celui de jeter mes idées par écrit, et de rédiger ce qu'on va lire : puisse-t-on me pardonner son désordre en considération du motif; ce sera une faveur dont j'aurai été digne, puisque ce n'est que pour mieux servir mon pays que j'ai entrepris ce pénible ouvrage, et que, sous ce rapport, on doit la plus grande indulgence à ceux qui sont animés de cet honorable motif.

AVIS ESSENTIEL sur le Comparateur.

L'HOMME aura toujours des ennemis. Il aura beau se tourmenter, s'agiter, se donner de la peine ; il rencontrera toujours des jaloux qui chercheront à déprécier ses travaux, et qui, s'ils n'ont pas de défauts bien essentiels à leur reprocher, sauront trouver des prétextes frivoles pour en dire du mal.

C'est ce qui arrive notamment aujourd'hui à mon Comparateur. — Accueilli favorablement du public, mes détracteurs n'en contestent pas décidément l'utilité, mais ils détournent tant qu'ils peuvent ceux qui auraient besoin de se le procurer, en leur insinuant qu'il exige des connaissances profondes en arithmétique et en géométrie, et qu'il n'y a que le petit nombre des savans auquel il puisse convenir.

Sans doute il faut de grandes connaissances en arithmétique et en géométrie, pour savoir appliquer le Comparateur *aux remises et traites indirectes, aux changes et arbitrages, à l'extraction des racines quarrées et cubiques,* etc. ; mais quelle différence n'y a-t-il pas entre ces grandes opérations et la simple transformation d'une mesure en une autre, qui peut se réduire, si l'on veut, à un travail purement mécanique.

A quoi bon, en effet, le desir curieux, je dirais même indiscret, de vouloir connaître à fond le principe d'une chose dont le résultat seul nous intéresse ?

Voyons-nous beaucoup de gens s'inquiéter comment une montre est faite, et ne vouloir se la procurer que quand ils en ont connu la structure ? Non. Il semble, au contraire, que ce soit pour eux une jouissance de s'en servir telle qu'elle est, et qu'elle serait moins grande s'il fallait que le secret de son mécanisme leur fût révélé.

Eh bien, c'est ici la même chose : il doit paraître agréable aux gens extrêmement préoccupés qui se sont fait tracer sur leur Comparateur les mesures dont ils se servent le plus fréquemment, de faire leur transformation sans s'embarrasser, ni de l'unité métrique, ni de la colonne d'après laquelle ils doivent opérer.

Aussi voilà pourquoi je leur recommande fortement de n'en regarder l'Instruction que comme un recueil dans lequel ils doivent puiser chacun ce qui les intéresse, et d'en lire avec la plus grande attention les quatre dernieres pages ; ils verront qu'il ne tiendra qu'à eux de se borner à faire du *Comparateur* un objet purement mécanique, et que c'est ainsi que j'ai entendu qu'il fallait le considérer pour obtenir, avant trois mois, le langage des nouvelles mesures dans toute l'étendue de la république française, et pour être assuré que leur fabrication sera faite avant six mois, si le corps législatif l'ordonne.

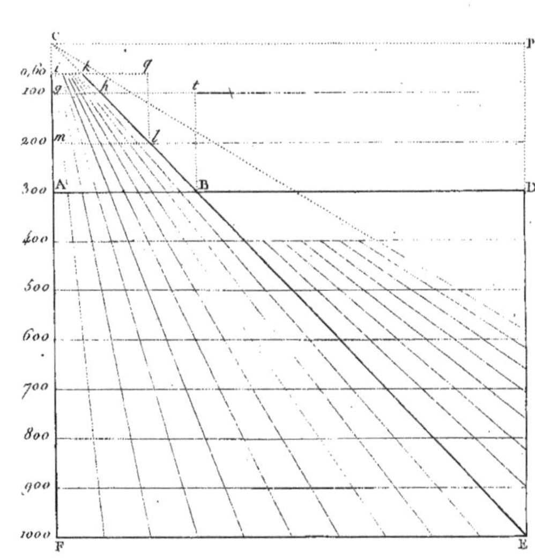

(1) Je tenterai cependant d'en faire à une seule colonne; mais je préviens que
je diminurai pour cela l'Echelle. Ainsi que ceux qui ont l'habitude de s'emparer
de l'idée des autres, toutes les fois que pour cela il ne s'agit que d'apporter quelques
changemens à ce qui a été précédemment mis au jour, veulent bien y renoncer ;
les voilà bien et duement prévenus qu'ils n'en seront pas les inventeurs, et ensuite
que c'est à ma propriété qu'ils auront porté atteinte, ce que les Loix ne permettent
en aucune manière.

LE COMPARATEUR
LINÉAIRE UNIVERSEL
DES MESURES.

INSTRUCTION
Sur la maniere de se servir de cet ouvrage.

On a placé à la fin, une note instructive sur la maniere de rendre ce *Comparateur* un objet purement mécanique.

Des cinq regles générales et fondamentales.

Les lignes horisontales du Comparateur, terminées à droite et à gauche par un filet de couleur, représentent à-la-fois cinq choses :

Une mesure quelconque (comme une aune, un arpent, une corde de bois, un muid de vin, un setier de bled, et généralement tout ce que l'on voudra); dix mesures, cent mesures, mille mesures, et dix mille mesures (1).

Premiere regle générale. Quand les lignes horisontales représentent *une seule mesure* (ce qui arrive toutes les fois que la transformation à faire ne présente qu'un seul entier ou seulement des fractions d'entier, telles que $\frac{1}{4}, \frac{1}{2}, \frac{2}{3}, \frac{3}{4}$), les transversales sont alors autant de centiemes.

Ainsi, supposé que l'on ait à transformer $\frac{1}{3}$ d'aune, $\frac{1}{3}$ de lieue et $\frac{1}{3}$ d'arpent, en telle autre mesure correspondante que ce soit; un tiers faisant, d'après la table générale des fractions placée à droite du

---

(1) Elles pourraient, comme de raison, représenter des *cent milliers*, des *millions*, et même des *milliards* de mesures ; mais on a cru que pour les besoins du commerce, il suffisait des cas présentés ci-dessus.

A

Comparateur, 33,5 centièmes, on ouvre son compas de ce nombre de transversales, et on le transporte ainsi ouvert sur celui des comparateurs que l'unité métrique de la mesure à transformer indique, pour avoir le nombre de transversales correspondant, qui représente alors des centièmes de mesures transformées ; ensorte que, dans la supposition où on en aurait trouvé 47, ils exprimeraient :

Dans le premier cas, 47 centièmes de mesures correspondantes à l'aune.

Dans le second, 47 centièmes de mesures correspondantes à la lieue.

Et dans le troisieme, 47 centièmes de mesures correspondantes à l'arpent.

Seconde regle générale. Quand ces mêmes lignes horisontales représentent *dix mesures* (ce qui arrive toutes les fois que le nombre des entiers à transformer est de 1 à 10, ou est seulement composé d'un chiffre, les transversales sont alors autant de dixiemes.

Ainsi, supposé que l'on ait à transformer $7\frac{3}{4}$ pieds cubes, $7\frac{3}{4}$ pintes, $7\frac{3}{4}$ rasieres, en mesures correspondantes, etc. Ces $\frac{3}{4}$ après les entiers, exprimés en centimales, faisant 750, et leur réunion aux 7 entiers faisant 7750, c'est-à-dire 77,50 dixiemes, on ouvre de même son compas de ce nombre de transversales, et on le transporte ainsi ouvert sur le comparateur indiqué, pour avoir, etc. ; ensorte que, dans la supposition où l'on aurait trouvé 87,5 transversales, c'est-à-dire 87 transversales $\frac{1}{2}$, elles exprimeraient :

Dans le premier cas, 87,5 dixiemes de la mesure correspondante au pied cube, ou plutôt 8,75 mesures.

Dans le second, 87,5 dixiemes de la mesure correspondante à la pinte, ou plutôt 8,75 mesures.

Et dans le troisieme, 87,5 dixiemes de la mesure correspondante à la rasiere, ou plutôt 8,75 mesures, etc., etc.

Troisieme regle générale. Quand ces mêmes lignes horisontales représentent *cent mesures* (ce qui arrive toutes les fois que le nombre des entiers à transformer est de 10 à 100, ou est seulement composé de deux chiffres), les transversales sont alors autant d'entiers.

Ainsi supposé que l'on ait à transformer 83 ! arpens de terre, ou 83 ! livres de sucre, on ne fait qu'ouvrir son compas de 83 transversales !, et le transporter ainsi ouvert sur le comparateur indiqué, pour avoir, etc., etc.; ensorte que, dans la supposition où l'on aurait trouvé 49 ! transversales, c'est-à-dire 49,33, elles exprimeraient :

Dans le premier cas, 49,33 mesures correspondantes à l'arpent.

Dans le second, 49,33 mesures correspondantes à la livre, etc., etc.

Quatrieme regle générale. Quand ces mêmes lignes horisontales représentent *mille mesures* (ce qui arrive toutes les fois que le nombre des entiers à transformer est de 100 à 1000, ou est seulement composé de trois chiffres), les transversales sont alors autant de dixaines d'entier.

Ainsi supposé que l'on ait à transformer 548 toises courantes ou 548 quartauts de vin en mesures correspondantes, on ne fait qu'ouvrir son compas de 54,8 transversales, et le transporter ainsi ouvert sur le comparateur indiqué, pour avoir, etc.; ensorte que, dans la supposition où l'on aurait trouvé 41,5 transversales, elles exprimeraient :

Dans le premier cas, 41,5 dixaines de mesures correspondantes à la toise courante, ou 415 mesures.

Et dans le second, 41,5 dixaines de mesures correspondantes au quartaut, autrement 415 mesures, etc. etc.

Cinquieme regle générale. Quand enfin ces

mêmes lignes horisontales représentent *dix mille mesures* (ce qui arrive toutes les fois que le nombre des entiers à transformer est de 1000 à 10000, ou est composé de quatre chiffres), les transversales sont alors autant de centaines d'entiers.

Ainsi, supposé que l'on ait à transformer 3546 émines de bled ou 3546 aunes de toile en mesures correspondantes ; on ne fait qu'ouvrir son compas de 35,46 transversales, c'est-à-dire de 35 transversales $\frac{1}{2}$, moins très-peu de chose), et le transporter ainsi ouvert sur le comparateur indiqué, pour avoir, etc. ; ensorte que, dans la supposition où l'on aurait trouvé sur le comparateur 46,25 transversales, c'est-à-dire 46 transversales $\frac{1}{4}$, elles exprimeraient :

Dans le premier cas, 46,25 centaines de mesures correspondantes à l'émine de bled, autrement 4625.

Et dans le second, 46,25 centaines de mesures correspondantes à l'aune, autrement encore 4625.

Ainsi, comme on voit, il n'est rien de plus aisé que de retenir ces cinq regles, qui deviennent le principe fondamental de toute transformation.

Définition de l'unité métrique.

S'il ne s'agissait jamais que de rapprocher des mesures de longueur ou de pesanteur entr'elles, il n'y aurait personne qui ne fût en état de trouver leur unité métrique, par le moyen de leur réduction en petites parties de la mesure qui doit recevoir la transformation, puisque pour les mesures de longueur il ne s'agirait que de les placer l'une à côté de l'autre ; et pour celles de pesanteur, que d'avoir des poids et des balances qui en feraient connaître les rapports : mais tout le monde sait que pour trouver celui d'une mesure de surface à une mesure de surface, il faut quarrer leurs mesures primitives ; que pour trouver celui d'une mesure de solidité, il faut quarrer ces mêmes mesures primitives et les élever à leur cube ; et que pour trouver celui d'une mesure de capacité à une mesure de capacité, il faut multiplier la moitié de leur diamètre par la moitié de leur circonférence, et multiplier le pro-duit par la hauteur des vases.

Or, qui ne voit dans ces travaux une grande quantité de calculs à faire, et des opérations pour le moins très-compliquées, sur-tout si on se rappelle que le pied est divisé tantôt en 13 pouces, tantôt en 12, tantôt en 11, souvent avec des fractions, comme 10 pouces $\frac{1}{3}$, 10 pouces $\frac{2}{3}$, 11 pouces $\frac{1}{4}$, etc. ; et que non-seulement les mesures supérieures ou inférieures suivent les mêmes variations, mais même que l'on est éternellement obligé de transformer les *pouces* en *pieds*, les *pieds* en *toises* ou *verges*, les *toises* en *verges* ou en *arpens* ; ces mêmes *pouces* devenus cubes en *pintes* ou en *boisseaux*, en *barils* ou en *setiers*.

C'est donc vouloir considérablement abréger l'opération, que de se proposer de recueillir les unités métriques de toutes les mesures à-peu-près connues, et de faire dépendre les transformations à faire de la combinaison de ces mêmes unités avec les paralleles du Comparateur. Aussi doit-on voir par le *Prospectus* joint à cette *Instruction* que le moyen que j'emploie pour cela ne peut que réussir, puisque je m'adresse à tous ceux qui ont le plus grand intérêt à la chose, et qu'en leur traçant la marche qu'ils doivent tenir pour m'envoyer les instructions que je leur demande, ce n'est plus pour eux qu'une opération de la plus grande simplicité.

Quant à la définition de *l'unité métrique*, la voici :

L'unité métrique d'une mesure quelconque, soit de longueur, soit de surface, soit de capacité, soit de pesanteur, est le nombre de parties qu'elle contient d'une mesure aussi quelconque (réelle ou idéale, n'importe, pourvu qu'elle soit divisée en un certain nombre de parties), à laquelle elles ont toutes été comparées; ainsi :

Quand l'unité métrique est 0,83637, cela veut dire qu'au lieu de contenir 100 mille parties comme la mesure fondamentale, elle n'en contient que 83637, c'est-à-dire un peu moins de $\frac{7}{8}$.

Et quand l'unité métrique est 3,76782, cela veut dire qu'au lieu de ne contenir que 100 mille parties, comme cette même unité fondamentale, elle en contient 3 et un peu plus de $\frac{3}{4}$.

Voyez, au reste, les unités métriques placées au bas du Comparateur, et lisez ce qui suit sur la nécessité de les réduire à quatre chiffres, quand on ne transforme que par le moyen du compas.

Application de l'unité métrique à la transformation des mesures, par le moyen des colonnes A, B, C, du Comparateur.

Voici les regles de cette opération.

Premiere regle. Quand les chiffres des deux unités métriques à comparer ensemble se trouvent entre 100000 et 200000, ou même entre 0,60000 et 200000, on se sert de la colonne *A.*

Quand elles se trouvent entre 100000 et 300000, on se sert de la colonne *B.*

Et quand elles se trouvent entre 300000 et 1000000, on se sert de la colonne *C.*

Il se présente cependant deux exceptions, comme quand les deux unités métriques à transformer se trouvent entre 0,60000 et 1,00000 colonne *A,* ou bien entre 100000 et 200000 colonne *B,* auxquels cas on transforme les premieres mesures par la colonne *C,* et les secondes par la colonne *A ;* mais quand on est un peu familiarisé aux transformations, on a bientôt senti que la raison de ce changement de colonne vient de ce qu'il est bien plus agréable

de se servir du bas du Comparateur, où les trans
versales sont plus espacées, et à une échelle plus
grande, que quand on est obligé de travailler dans
le haut, où le serré de ces mêmes transversales rend
l'opération un peu plus pénible.

Quant à la réduction des unités métriques à quatre
chiffres, on n'aura pas placé une seule fois son compas
dans le Comparateur, qu'on reconnaîtra l'inutilité
absolue des deux derniers chiffres sur la droite, et
qu'ainsi on sera toujours porté de soi-même à les
rétrancher.

*De la numération des trois colonnes, et de la
maniere de s'en servir pour placer son compas
au point convenable sur le bord du Comparateur, et obtenir par ce moyen les transformations nécessaires.*

Il suffit de réfléchir un instant à la maniere dont
les colonnes A, B, C, placées à gauche du Comparateur, sont numérotées et graduées, pour voir que
c'est l'opération la plus simple.

En effet, si on examine un peu attentivement
cette triple numération, on verra d'abord, sans
s'arrêter à aucune colonne, qu'étant consacrée par
sa nature à fixer dans le Comparateur la place que
chaque unité métrique doit y occuper, les trois
chiffres qu'on y remarque doivent (au moyen de la
réduction des unités métriques à 4 chiffres, quand
on opere linéairement) exprimer absolument des
dixaines de parties, et qu'ainsi, 190 dans la colonne
A, exprime nécessairement 190 dixaines de parties,
autrement 1900; 230 dans la colonne B, 230 dixaines
de parties, autrement 2300; et 550 dans la colonne C,
550 dixaines de parties, autrement 5500.

On y verra ensuite ce qui suit :

En s'arrêtant à la colonne A, que chaque chiffre,
augmenté d'un zéro, valant 50 de plus que celui qui

précede, chaque division intermédiaire, indiquée par un trait, doit valoir 10.

En s'arrêtant à la colonne *B*, que chaque chiffre valant 100 de plus que celui qui précede, chaque degré intermédiaire doit valoir 20.

Et en s'arrêtant enfin à la colonne *C*, que chaque chiffre, valant également 250 de plus que celui qui précede, chaque trait doit valoir 50.

Ensorte que l'on n'a plus qu'à partager à la vue ces différens intermédiaires, pour placer la pointe de son compas dans le Comparateur où il convient.

Mais comme des exemples font toujours plus d'impression que des principes qu'on saisit quelquefois mal, je vais en présenter un de chaque colonne.

EXEMPLE pris de la colonne A, *qui embrasse les unités métriques (linéairement parlant), depuis 0,600 jusqu'à 2000.*

Soit à transformer les deux mesures suivantes, dont les unités métriques, dégagées de leurs deux dernieres décimales, sont supposées celles-ci : 1,944 et 1,285.

Solution. Comme ces deux nombres font (arithmétiquement parlant), l'un 1924, et l'autre 1285 ; ceci nous fait voir évidemment que c'est par la colonne *A* que l'on doit opérer, puisque l'on y trouve réunies les deux plus voisines caractéristiques de ces unités, savoir ; 190 et 125, exprimant 1900 et 1250 : or, comme on doit se rappeller que dans cette colonne chaque trait intermédiaire vaut 10, il résulte nécessairement de-là qu'en plaçant sur le bord du Comparateur la pointe de son compas, un petit peu au-dessous de la moitié de l'espace qui suit le second trait après 190, exprimant, comme je le dis, 1900, et un petit peu au-dessous du troisieme trait qui suit 125, exprimant également 1250, on obtient nécessairement la place exacte de ces deux unités métriques.

C'eût

C'eût été la même chose, si l'une des deux unités métriques eût été inférieure à 1000, comme par exemple 0,839; car alors on aurait placé la pointe de son compas un petit peu au-dessus du quatrieme trait aprés 0,80, exprimant 0,800.

Il faut cependant excepter, comme je l'ai déjà dit, le cas auquel les deux unités métriques eussent été toutes deux au-dessous de 1000, comme par exemple 0,735 et 0,984, parce qu'alors il serait plus avantageux d'opérer par la colonne *C*, dont l'échelle se trouve moins resserrée.

Exemple pris de la colonne B, *qui embrasse (linéairement parlant) les unités métriques depuis 1000 jusqu'à 3000.*

Soit également à transformer les deux mesures suivantes, dont les unités métriques sont supposées celles-ci : 13,74 et 21,31.

Solution. Ces deux nombres faisant également 1374 et 2131, on est nécessairement averti que c'est par la colonne *B* que l'on doit opérer, puisque l'on y trouve réunies leurs deux plus voisines caractéristiques, savoir; 130 et 210, exprimant 1300 et 2100. Or, comme on doit se rappeller que dans cette colonne chaque trait intermédiaire vaut 20, il résulte nécessairement de-là, qu'en plaçant sur le bord du Comparateur la pointe de son compas un petit peu au-dessus du quatrieme trait, après 210, qui vaut 1380, puisque chaque trait vaut 20, et un petit peu au-dessous du premier trait, après 210, qui vaut par la même raison, 2120, on obtient nécessairement la place exacte de ces deux unités métriques.

Il faut également excepter le cas auquel les deux unités métriques eussent été toutes deux entre 1000 et 2000, parce qu'alors, ainsi que je l'ai dit, elles eussent appartenu à la colonne *A*.

EXEMPLE pris de la colonne C, qui embrasse (toujours parlant linéairement) les unités métriques depuis 3000 jusqu'à 10000.

Soit à transformer les deux mesures suivantes, dont les unités métriques sont supposées celles-ci : 574,1 et 826,5.

Solution. On ne doit pas oublier de se rappeller que dans cette colonne chaque trait intermédiaire vaut 50 : ainsi, en plaçant sur le bord du Comparateur la pointe de son compas un petit peu au-dessus de 575, exprimant 5750; et un petit peu au-dessous de 825, exprimant 8250, on obtient nécessairement la place exacte de ces deux unités métriques.

Propriété que la numératiom précédente a de s'appliquer au systéme métrique de telle nation que ce soit, et de réduire à une seule recherche les deux transformations à faire.

Cette propriété est fondée sur le principe incontestable que par-tout où une mesure devient le prototype universel des autres, elle est invariablement l'*unité*.

Ainsi, comme dans la colonne *A* cette unité se trouve à la 9ᵉ. ligne chiffrée; dans la colonne *B*, à la premiere ligne d'en haut; et dans la colonne *C*, à la derniere d'en bas; il en résulte que par toute terre elles occupent nécessairement ces 3 lignes, et que par conséquent on n'a jamais à placer, dans le Comparateur, que l'unité de la mesure à transformer, ce qui abrege infiniment l'opération.

Quant à la maniere de faire ce genre de transformation, à l'aide des 3 lignes précédentes, voyez ce que je dis page 16, où j'indique le procédé qu'il faut employer pour transformer les anciennes mesures en nouvelles ; c'est exactement la même marche.

Moyen d'assortir les mesures à transformer, de maniere à n'avoir jamais qu'une ouverture de compas à prendre , et les transversales qu'il embrasse à compter.

Il ne faut pas s'imaginer , parce que l'on aura dans les tables que je me propose de donner , le relevé à-peu-près général de toutes les mesures connues , que l'on voudra, les comparer par curiosité entr'elles; c'est bien assez que l'on fasse ces sortes de transformations pour sa propre utilité, sans aller y perdre inutilement son temps.

Que nous reviendrait-il , en effet , de savoir ce que tant de *stubgens* de Brunsvick font de *pignatollis* de Calabre , ou ce que tant de *stochiaculs* de Bolzen font de *fanegas* d'Espagne , si nous n'avions pas quelqu'intérêt à l'apprendre ? On ne doit donc voir ici que le besoin de la transformation, et non son inutilité.

Or , si je dis que pour transformer les mesures entr'elles par une seule ouverture de compas , il faut les assortir de maniere à ce qu'elles ne different jamais que le moins possible, pour la largeur, pour la surface , pour la capacité et pour la pesanteur, on ne doit aucunement s'embarrasser de les voir différer considérablement dans mes tables ; car cette différence ne viendrait que de n'avoir pas pu me procurer, soit les multiples, soit les sous-multiples de toutes les mesures : mais comme celui qui a besoin de faire la transformation est attaché à un pays quelconque , et connaît les mesures de ce pays , il aura bientôt trouvé l'*unité métrique* de la mesure de laquelle il se propose de faire la transformation.

Ainsi, posé le cas qu'un habitant de Bordeaux (où je suppose n'avoir pu obtenir, comme *Paucton*, d'autres détails sur les mesures à grains de cette commune, si ce n'est que le boisseau y pese 120 liv.;

et que son unité métrique est 76,6421 , sans aucuns autres détails sur ses multiples ni sur ses sous-multiples) ait besoin de savoir ce qu'un certain nombre de *scheffels* de Léipsick (qui n'est qu'environ le sixieme du boisseau de Bordeaux , et dont les tables n'indiquent non plus ni les multiples ni les sous-multiples) fait de cette derniere mesure. Eh bien , il en sera quitte pour chercher parmi les sous-multiples du boisseau de Bordeaux (qu'il doit connaître puisqu'il y demeure) celui qui se rapprochera le plus du *scheffel* de Léipsick.

Or comme on sait, par expérience, que toutes les mesures, quelles qu'elles soient, se divisent toujours ou par tiers, ou par quarts, ou par sixiemes, ou par des mesures au moins très-approchantes, et que dans ce dernier cas il n'en coûte que de prendre, soit le tiers, soit le quart, soit le sixieme de l'unité métrique, ou bien de doubler, tripler ou quadrupler cette unité; comme il n'aura sûrement pas de peine à trouver celle qui se rapproche le plus du *scheffel* de Léipsick, et comme alors les unités métriques de ces deux mesures se trouveront nécessairement dans la même colonne, il ne fera que présenter son compas ouvert sur la quantité de scheffels de Léipsick pour savoir ce qu'elle fait de fractions du boissau de Bordeaux.

On doit voir que de cette maniere on abrégera une infinité d'opérations.

De la transformation en général, et en particulier de celle des prix ou de l'inverse.

On a vu dans ce qui précede que la transformation s'obtenait par quatre opérations différentes.

La premiere en se conformant exactement aux cinq regles fondamentales.

La seconde en sachant bien distinguer la colonne d'après laquelle on doit opérer.

La troisieme en ouvrant son compas du nombre

de transversales, indiqué par les mêmes 5 regles générales, sur l'unité métrique des mesures à transformer, et le transportant ainsi ouvert sur l'unité métrique de celle qui doit recevoir la transformation.

Et la quatrieme, en faisant attention au nombre de chiffres qui précedent la virgule, pour savoir ce que l'on doit faire du produit.

Ce serait ici, sans doute, le cas d'en présenter des exemples, puisqu'il n'y a que ce seul moyen de porter la conviction dans les esprits ; mais ne voulant pas les multiplier, attendu le besoin de les étendre à tous les cas, j'ai préféré de dire auparavant un mot de la transformation des prix (qui n'est autre chose que l'inverse de l'opération), afin de n'avoir qu'un seul exemple à donner des deux objets sur chaque cas, et de les réduire par ce moyen au plus petit nombre possible. Voici donc ce que c'est que cette inverse ou transformation des prix : un seul exemple en donnera l'idée.

E X E M P L E.

Une marchandise a coûté, je suppose, 8 francs le *vare* de Lisbonne ; on voudrait savoir ce qu'elle reviendrait mesurée à l'aune de Paris.

O P É R A T I O N.

Nota. On pourrait se servir, à la rigueur, de la colonne *B*, mais comme la transformation se ferait dans la partie la plus serrée du Comparateur, on préfere de se servir de la colonne *A*.

Ouvrez votre compas de 80 transversales (puisque c'est la 2ᵉ. regle générale) sur l'unité métrique de l'aune de Paris (1,188, en négligeant, comme je l'ai dit, les deux dernieres décimales), et transportez-le ainsi ouvert sur le vare de Lisbonne (1,092, en négligeant *idem*) ; vous aurez alors dans les 88 transversales trouvées sur ce vare, une quantité qui vous indiquera que quand il vaut 80 dixièmes de franc, c'est-à-dire 8 francs, l'aune de Paris vaux 88 dixiemes de franc, c''est-à-dire 8 francs 8 dixiemes, autrement 8 francs 80 centimes, autrement encore 8 liv. 16 sols. Or, comme on voit, cette opération est très-simple.

Je dois cependant donner ici l'explication des 3 mots *inv. de A*, *inv. de B*, et *inv. de C*, que l'on apperçoit au haut du tableau gravé, vis-à-vis la 3ᵉ., la 5ᵉ. et la 10ᵉ. lignes verticales, et qui indiquent que toutes les fois qu'une mesure dont on connaît l'unité métrique, vaut 1 *franc*, le nombre de transversales trouvées sur cette unité métrique, à l'endroit où elle coupe l'une de ces trois lignes verticales, est celui des centimes que vaut la nouvelle mesure ; c'est-à-dire qu'elle est l'*inverse* du prix de l'ancienne.

Ainsi, en présentant un exemple sur chacune de ces trois colonnes, on aura une idée assez exacte de cette opération, dont on ne peut d'ailleurs trop vanter l'utilité.

Soit en effet le *setier de bled*, mesure de Paris (dont l'unité métrique est 152,2) supposé valoir *1 franc* ; on a découvert à l'instant par l'inverse de la colonne A, à laquelle il appartient, que quand il vaut cette somme, l'hectolitre, auquel il se compare, vaut 65,5 centimes (65 centimes et demi), ce qui signifie que le point où la ligne de ce *setier* coupe celle intitulée *inv. de* A, est précisément celui qui est entre les traversales 65 et 66.

Soit à présent le muid de vin de cette même place (dont l'unité métrique est 273,9) supposé valoir le même prix de *1 franc* ; on a découvert d'une maniere également prompte, par l'inverse de la colonne *B*, à laquelle il appartient, que quand il vaut cette somme, l'hectolitre, auquel il se compare, vaut 36,5 centimes (36 centimes et demi), ce qui signifie encore que le point où la ligne de ce muid coupe celle intitulée *inv. de B*, est précisément celui qui est entre les transversales 36 et 37.

Soit enfin la velte de Paris (dont l'unité métrique est 7,609) supposée valoir toujours le prix de *1 franc;* on a découvert de nouveau, par l'inverse de la colonne *C*, à laquelle elle appartient, que quand elle vaut cette somme, le décalitre vaut 131 centimes, autrement 1 franc 31 centimes ; ce qui signifie finalement que le point où la ligne de cette velte coupe celle intitulée *inv. de C*, est précisément celui qui coïncide avec la 131ᵉ. transversale.

Je n'ai pas cru devoir présenter plus d'exemples.

APPLICATION des principes qui précedent à la transformation des mesures anc. entr'elles par le moyen d'un seul exemple sur chaque colonne.

EXEMPLE SUR LA COLONNE *A*.

Combien ¾ d'aune de Brabant (0,694) font-ils de faons de Dannemarck (1,880), et que doit coûter cette derniere mesure, si la premiere coûte 4 l. 17 s. de France (1) 4,85 francs?

SOLUTION.

Pour les mesures : ouvrez le compas de 75 transversales (c'est-à-dire suivant la 1ᵉʳᵉ. règle de 75 centièmes, valant ¾) sur 0,694 ; présentez-le ainsi

---

(1) J'aurais bien mis les prix en monnaies étrangeres ; mais n'étant pas plus difficile d'opérer sur toutes les monnaies possibles, par le moyen de la table générale des fractions placée à droite du Comparateur, que sur celle de France ; j'ai préféré de n'en employer qu'une, pour mettre plus d'ensemble dans l'instruction : je ferai seulement remarquer que 17 sols de France, faisant 17 vingtièmes de la livre, on trouve, par le moyen de cette même table générale, que 17 sols font 85 centimes, et que, par conséquent, 4 livres 17 sols font 4 francs 85 centimes, ou suivant la maniere de l'écrire en décimales, 4,85 francs.

ouvert sur 1,880 , il viendra 27,8 transversales, c'est-à-dire 27 transversales 8 dixièmes, qui signifieront, par la même regle, que $\frac{3}{4}$ d'aune de Brabant font 27,8 centiemes, autrement bien près de 0,28 faons.

Pour les prix : ouvrez le compas de 48,50 transversales (c'est-à-dire rappellez-vous que par la 2ᵉ. règle 4,85 francs décuplés font 48,50, autrement 48 transversales $\frac{1}{2}$) sur 1,880, présentez-le ainsi ouvert sur 0,694 ; il viendra 132 tranversales, qui indiqueront, par la même regle, que quand l'aune de Brabant coûte 4 l. 17 s. de France, le faon de Danemarck coûte 132 dixiemes de franc, ou 13,20 francs, autrement 13 liv. 4 sols.

Exemple sur la colonne *B*.

Combien 460 *grands eimers* de Ratisbonne (115,0) font-ils de muids de Normandie (274,0), et quel prix doit valoir ce dernier, quand le grand eimer vaut 95 francs ?

Solution.

Pour les mesures : ouvrez le compas de 46 transversales (c'est-à-dire suivant la 4ᵉ. regle de 46 dix^{nes}., valant 460) sur 115,0, présentez-le ainsi ouvert sur 274,0 (unité métrique du muid de Normandie) ; il viendra 19,50 transversales, qui indiqueront, par la même 4ᵉ. regle, que 460 grands eimers de Ratisbonne font 195 muids de Normandie.

Pour les prix : ouvrez le compas de 95 transversales (3ᵉ. regle) sur 274,0, présentez-le ainsi ouvert sur 115,0, il viendra 226 transversales, qui indiqueront, par la même regle, que quand le grand eimer coûte 95 francs, le muid de Normandie coûte 226 francs.

Exemple sur la colonne *C*.

Combien 525 *trabuccos* de Turin (3,078) font-ils de perches de 25 pieds de roi (8,128), et quel
prix

prix doit coûter cette derniere mesure quand la 1ere.
coûte 6 liv. 15 s. (6,75 francs) ?

SOLUTION.

Pour les mesures : ouvrez le compas de 52,50
transversales (c'est-à-dire suivant la 4e. regle, de 52
dixaines et demie de trabuccos valant 525) sur 3,078,
présentez-le ainsi ouvert sur 8,128 ; il viendra 20
transversales, qui indiqueront, par la même 4e. regle,
que 525 trabuccos font 200 perches de 25 pieds de
roi.

Pour les prix : ouvrez (2e. regle) le compas de
67,50 transversales sur 8,128 , présentez-le ainsi
ouvert sur 3,078 ; il viendra 178 transversales, qui
indiqueront, par la même regle, que quand le
trabucco de Turin vaut 6 liv. 15 s., la perche de 25
pieds de roi vaut 17,80 francs.

Mais comme on peut néanmoins desirer de savoir
transformer une mesure dont l'unité métrique est
placée sur la colonne *B*, et l'autre sur la colonne *C*,
et vice versâ (1), je vais présenter d'abord la regle
générale, et ensuite les deux exemples.

*Regle générale de l'opération à faire, quand les
deux unités métriques des mesures à transformer sont chacune dans une colonne différente.*

Quand elles sont, l'une sur la colonne *B*, et l'autre
sur la colonne *C*, on triple l'ouverture du compas
sur la mesure qui reçoit la transformation, si elle
est de la colonne *B*, et on en prend le tiers si elle
est de la colonne *C*.

*Exemple de la premiere unité métrique sur la co-
lonne B, et de la deuxieme sur la colonne C.*

Combien 63 almudes de Lisbonne (16,72) font-

---

(1) Je fais observer ici qu'il n'y a que ces deux colonnes
qui puissent se combiner entr'elles, et que la colonne *A*,
absolument hors du système, n'y a été pratiquée que pour
les raisons déduites pages 6 et 7.

B bis.

elles d'eimers de Stockolm (68,91), et que doit coûter cette derniere mesure, quand la premiere coûte 6 liv.?

SOLUTION.

Pour les mesures : ouvrez (3°. regle) le compas de 63 transversales sur 16,72, présentez-le ainsi ouvert sur 68,91 ; il viendra 46 transversales, dont prenant le tiers, à cause que la mesure qui reçoit la transformation est en *C*, restera 15,33 transversales, qui signifieront, par la même 3°. regle, que 63 almudes de Lisbonne font 15,33 eimers de Stockolm.

Pour les prix : ouvrez (2°. regle) le compas de 60 transversales, c'est-à-dire de 60 dixiemes de franc, valant 6 francs, sur 68,91, présentez-le ainsi ouvert sur 16,72 ; il viendra 82 transversales, qui, triplées à cause que la mesure qui reçoit la transformation est en *B*, feront venir 246 transversales, lesquelles indiqueront par la même 2°. regle, que quand l'*almude* de Lisbonne vaut 60 dixiemes de franc, ou 6 liv., l'*eimer* de Stockolm vaut 246 dixiemes de franc, ou 24,60 francs, autrement, en v. st., 24 l. 12 s.

Exemple de la premiere unité métrique sur la colonne C *; et de la deuxieme sur la colonne* B.

Combien 363 *brentas* de Milan (71,34) font-ils d'arrobes majors de Cadix (15,95), et que doit coûter cette derniere mesuré quand la premiere coûte 32 francs?

SOLUTION.

Pour les mesures : ouvrez (4°. regle) le compas de 36 ⅓ transversales sur 71,34, présentez-le ainsi ouvert sur 15,95 ; il viendra 54 ⅓ transversales, qui triplées (à cause que la mesure qui reçoit la transformation est en B) feront venir 163 transversales, lesquelles (par la même 4°. regle) exprimant des dixaines, signifieront que 363 brentas de Milan font 1630 arrobes majors de Cadix.

Pour les prix : ouvrez (3°. regle) le compas de 32 transversales sur 15,95, présentez-le ainsi ouvert sur 71,54 ; il viendra 21,50 transversales, dont prenant le tiers (à cause que la mesure qui reçoit la transformation est en C), restera 7,16 transversales, qui signifieront (par la même 3°. regle) que quand le brenta de Milan vaut 32 francs, l'arrobe major de Cadix vaut 7,16 francs, autrement vieux st. 7 l. 3 s.

Application des mêmes principes à la transformation des mesures anciennes en nouvelles, par le moyen d'un seul exemple sur chaque colonne.

EXEMPLE SUR LA COLONNE *A*.

Combien 51 *bunders*, arpent de Brabant (1,318), font-ils d'hectares, et que doit coûter cette derniere mesure quand la premiere est du prix de 350 liv. ?

SOLUTION.

Pour les mesures : ouvrez le compas de 51 transversales (2°. regle) sur 1,318, présentez-le ainsi ouvert sur le même comparateur *A* ; il viendra 67 transversales, qui signifieront (par la même regle) que 51 bunders de terre du Brabant font 67 dixiemes d'hectares de terre, c'est-à-dire 6,70 hectares.

Pour les prix : ouvrez le compas de 35 transversales (4°. regle) sur le même comparateur *A*, présentez le ainsi ouvert sur 1,318 ; il viendra 26,80 transversales, qui signifieront (par la même regle) que quand le bunder de terre est du prix de 350 fr., celui de l'hectare est de 26,80 dixaines de francs, autrement 268 francs.

EXEMPLE SUR LA COLONNE *B*.

Combien 38,80 sétérées de Brives, département

de la Corrèze (21,08), font-elles de décares, et quel prix doit coûter cette derniere mesure quand la premiere a coûté 157 livres 10 sols (157,50 francs) ?

SOLUTION.

Pour les mesures : ouvrez le compas de 58,80 transversales (3°. regle) sur 21,08 , présentez - le ainsi ouvert sur le Comparateur *B ;* il viendra 82 transversales, qui signifieront (par la même regle) que 38,80 sétérées de Brives font 82 décares, ou plutôt 8,20 hectares.

Pour les prix : ouvrez le compas de 157,50 transversales (3°. regle) sur le même Comparateur *B* (1), présentez-le ainsi ouvert sur 21,08 ; il viendra 75,33 transversales, qui signifieront (par la même regle) que quand la sétérée de Brives vaut 157 liv. 10 sols, le décare doit valoir 75,30 francs.

EXEMPLE SUR LA COLONNE *C.*

Combien 71 liv. $\frac{1}{4}$ de savon, poids de marc (0,489), font-elles de graves (kilogrammes), et quel prix doit coûter cette derniere mesure quand la premiere coûte 17 sols (0,85 francs).

SOLUTION.

Pour les mesures : ouvrez le compas de 71,25

____

(1) A la rigueur, j'aurois dû me conformer à la 4°. regle, qui exigeait d'ouvrir mon compas de 15,75 transversales sur *B* (puisqu'il y avoit trois chiffres aux unités), et le porter ainsi ouvert sur la mesure dont le prix est à transformer; mais ayant craint que le serré des lignes ne nuise à l'exactitude de cette opération, j'ai cru devoir opérer par la 3°. regle, c'est-à-dire ouvrir mon compas de 157,75 transversales; ce qui m'a fait alors obtenir une transformation naturelle au lieu d'une qu'il auroit fallu décupler : ceci servira à rappeller que *toutes les fois que l'on opère en dehors du Comparateur, il faut toujours remonter d'une regle, c'est-à-dire passer à la 3°. si on est à la 4°., et à la 2°. si on est à la 3°.,* ainsi du reste.

transversales (3°. regle) sur 0,489, transportez-le ainsi ouvert sur le comparateur *C*; il viendra 35,15 transversales, qui signifieront (par la même regle) que 71 liv. $\frac{1}{4}$, poids de marc, font 35,15 graves.

Pour les prix : ouvrez le compas de 85 transversales (1ere. regle) sur le comparateur *C*, présentez-le ainsi onvert sur 0,489 ; il viendra 174,50 transversales, qui signifieront (par la même regle) que quand la livre, poids de marc, vaut 17 sols, le grave vaut tout près de 1,75 franc.

Comme on voit, il est bien plus aisé de faire des transformations quand on n'a qu'une unité métrique à chercher, que quand il faut s'en procurer deux; aussi, dans tous les pays du monde où les mesures auront été rapportées à celles du lieu que l'on habite, jouira-t-on de ce précieux avantage, et pourra-t-on se servir de mon Comparateur, comme s'il eût été fait exprès pour ces pays. Sans doute que les étrangers ne manqueront pas de faire attention à cette précieuse propriété de mon travail.

Il me reste maintenant à prouver que le seul moyen d'établir le système des nouvelles mesures dans toute l'étendue de la république française, et même par-tout où on pourrait le desirer, étant de faciliter la transformation des mesures par les procédés les plus simples, et même par des moyens mécaniques, mon Comparateur a tout ce qui convient pour devenir le transformateur universel, et pour être ce *point de ralliement* dont Prieur de la Côte-d'or a si bien senti l'utilité. Il est vrai que pour y parvenir il faut obliger indistinctement tous les citoyens à parler le langage des nouvelles mesures; mais rien n'est plus aisé pour ceux qui, conformément à mon *Prospectus*, font tracer sur leur Comparateur les mesures dont ils se servent le plus habituellement. Et comme dans mon 4°. Mémoire j'ai déjà proposé une loi qni consisterait à *enjoindre à tous les admintstrateurs , officiers publics , marchands , commerçans et rédacteurs d'ouvrages littéraires quelconques , de ne plus se servir, dans leurs registres , dans leurs comptoirs , dans leurs ouvrages littéraires, des anciennes dénominations, et de leur substituer les nouveaux noms , les nouvelles quantités , les nouvelles formules , je vais en présenter par avance les effets.*

Effets de la loi qui enjoindrait indistinctement à tous les citoyens de la République de parler le langage des nouvelles mesures.

Supposons trois cas.

Le premier, qu'un commerçant a fait différentes emplettes en anciennes mesures, et qu'il est obligé de les transformer sur son registre en nouvelles.

Le second , qu'on a défendu aux notaires de se servir des anciennes dénominations de mesures dans leurs actes.

Et le troisieme, qu'on a fait pareille défense aux gens de lettres dans leurs ouvrages, dans leurs journaux.

Voici ce qui va résulter de l'exécution de cette loi.

Cas du commerçant obligé de tenir son registre en nouvelles mesures.

Admettons qu'il soit marchand de vin , et qu'il ait acheté 36 demi-queues de Mâcon ; 28 barriques, grande jauge , de Bordeaux ; 33 vases de Condrieux ; 42 muids de Bourgogne ; 21 quartaux d'Hérissé ; 4 tonneaux de Malaga , et 31 demi-queues de Sancerre. Eh bien, c'est l'affaire d'une minute pour faire toutes ces transformations, s'il a tracé ou fait tracer toutes ces mesures sur son Comparateur.

En effet, en ouvrant son compas de 36 transversales (3°. regle) sur 215,0 (unité métrique de la demi-queue de Macon, qu'il n'aura pas la peine de chercher puisque je viens de supposer qu'elle était tracée), il verra, par le comparateur B, que 36 pieces de Mâcon font 76,33 hectolitres.

En l'ouvrant de 28 transversales (3°. regle) sur 205,5 (unité métrique de la barique de Bordeaux, grande jauge, pareillement tracée), il verra, par le même comparateur B, que 28 bariques de Bordeaux font 57 hectolitres.

En l'ouvrant de 33 transversales (3°. regle) sur 76,10 (unité métrique du vase de Condrieux également tracée), il verra, par le comparateur C, que 33 vases de Condrieux font 25,33 hectolitres.

En l'ouvrant de 42 transversales (3°. regle) sur 296,7 (unité métrique du muid de Bourgogne aussi tracée), il verra par le comparateur B, que 42 muids de Bourgogne font 123 hectolitres.

En l'ouvrant de 21 transversales (3°. regle) sur 114,1 (unité métrique du quartaut d'Hérissé), il verra, par le comparateur A, que ces 21 quartauts font 24,10 hectolitres.

En l'ouvrant de 40 pour 4 transversales (2°. regle) sur 289,2 (unité métrique du tonneau de Malaga), il verra, par le comparateur B, que ces 4 tonneaux font 11,50 hectolitres.

Et en l'ouvrant de 31 transversales (3°. regle) sur 224,4 (unité métrique de la demi-queue de Sancerre), il verra par le même comparateur B que ces 31 demi-queues font 69 hectolitres.

Ensorte que son seul travail aura été d'ouvrir son compas sur la mesure écrite, et le transporter ainsi ouvert sur le comparateur indiqué, ce que tout enfant de 12 enfant pourrait faire aussi-bien que lui.

Et comme ce serait beaucoup que de supposer que ce marchand travaillât avec cent places différentes de commerce, on ne voit pas qu'il serait si difficile pour lui de se faire tracer ce nombre de mesures sur quatre ou cinq différens comparateurs, puisque ce tracé une fois fait, la transformation deviendrait une occupation tout-à-fait mécanique.

Cas du notaire, obligé de rédiger ses actes conformément à la loi.

Supposé qu'il s'agisse de donner à bail 72 arpens, mesure de roi, moyennant 24 carses de bled, mesures de Gien, l'arpent ; il aura aussi bientôt fait cette transformation : car en ouvrant son compas de 72 transversales (3ᵉ. regle) sur 51,04 (unité métrique de l'arpent de roi pareillement tracée), il verra par le comparateur *C* que 72 arpens font 37 hectares.

Et en l'ouvrant de 24 (3ᵉ. régle) sur 15,85 (unité métrique de la carse de Gien), il verra, par le comparateur *A*, que ces 24 carses font 38 decalitres.

Et quand on supposerait aussi que ce notaire a dans son arrondissement 25 à 30 mesures agraires différentes, et à-peu-près autant de mesures, tant à liquide qu'à grains, ce qui serait peut-être encore beaucoup, ou ne voit pas ce qui pourrait également empêcher de se les faire tracer sur trois ou quatre comparateurs, pour n'avoir aucune espece de contention d'esprit.

Cas de l'homme de lettres, également obligé de parler le langage des nouvelles mesures.

Ce serait sans contredit celui-ci qui aurait besoin d'une plus grande quantité de Comparateurs, puisque par la nature de ses travaux il embrasse tous les genres de connaissances possibles, et qu'il est obligé, par ce moyen, de faire un plus grand nombre de transformations.

Mais d'abord, sa qualité d'homme de lettres lui imposant plus de devoirs qu'à celui qui n'a reçu qu'une portion modique d'intelligence, il n'a aucune excuse pour ignorer en principe l'art de transformer

les

les mesures par le moyen du comparateur ; et il en est quitte pour faire de cette science une étude particulière.

Ensuite, il peut tracer sur son tableau les mesures qui se présentent le plus souvent à transformer, telles que celles appelées linéaires, s'il est géographe ; celles de surface, s'il est géomètre ; celles de solidité, s'il est architecte ; et celles de capacité et de pesanteur, s'il est rédacteur de journaux, d'affiches ou d'annonces.

Il peut enfin, si le besoin de la transformation se présente trop fréquemment chez lui, comme dans la rédaction du *Journal de commerce*, où il est sans cesse question de différentes mesures, et où par conséquent il faut avoir continuellement le Comparateur à la main ; il peut, dis-je, styler un commis qu'il chargera seul de lui faire toutes les transformations dont il aura besoin, et qui lui dressera son travail de la même maniere dont on voit que j'ai donné un modele de *cours public des marchandises* dans mon IVe Mémoire.

Ensorte que cette transformation n'est jamais qu'un jeu pour ceux qui sont obligés de la faire, sur-tout quand ils se sont mis au fait de ce travail.

NOUVEAUX détails qui n'étaient pas dans la premiere édition, et qu'il est très-intéressant de lire dans celle-ci.

On a dû voir dans ce qui précede, que toutes les difficultés sont levées, toutes les formules dressées, tous les cas prévus ; et que *depuis la plus grande lieue terrestre jusqu'à la ligne courante, depuis le muids de terre* (1) *jusqu'au pouce quarré, depuis*

---

(1) **Les 12** arpens.

C

la toise cube jusqu'au pouce cube , depuis le ton-
neau de mer jusqu'à la roquille , depuis le muid de
grain jusqu'au litron , et depuis le millier jusqu'au
32ᵉ. de karat , tout trouve sa place dans cet ingénieux
tableau, et tout y reçoit sa transformation.

Cependant, comme c'est de la connaissance de
l'unité métrique de toutes les mesures que dépend
toute espece de transformation , et que je ne puis
en publier la table générale que dans un temps assez
éloigné, je vais dans ce qui suit enseigner la maniere de
se procurer toutes celles dont on pourra avoir besoin.

J'indiquerai ensuite, comme je l'ai annoncé en tête
de cette instruction , de nouveaux développemens
sur l'assortiment des mesures entr'elles , de maniere
à n'avoir jamais à opérer que dans la même colonne.

Je donnerai après des exemples de transformations
faites entre des mesures ayant un nombre inégal de
chiffres avant la virgule.

Et enfin , je ferai ensorte que cette nouvelle Instruction ne laisse rien à desirer sur cette intéres-
sante science.

Maniere de se procurer l'unité métrique des
mesures de tous les pays du monde.

Il existe tant de différentes mesures, que l'on
conçoit bien qu'il arrivera plus d'une fois que celles
des petites places ne se trouveront pas dans le tableau
dont je viens de parler. Je vais donc donner autant
d'exemples de la maniere de se procurer ces unités
métriques, qu'il y a d'especes différentes de mesures,
afin que le lecteur ne se trouve arrêté dans aucune
circonstance, et qu'il puisse transformer telle mesure
qu'il lui plaira.

Je suivrai l'ordre des classes.

PREMIERE CLASSE. *Mesures de longueur.*

Ier. *Exemple.* On veut connaître l'unite métrique d'une palme de 13 pouces de roi (1), pour la comparer à l'unité fondamentale, qui est en France le *metre* courant.

Solution. Allez table-matrice A du Métrographe exact (2), vous y trouverez que

10 pouces courans valant..... 0,2706 (3)
Et 5........................ 0,0812 (4)

Il vient pour total.............. 0,3518

Qui signifie qu'une palme de 13 pouces contient 3518 dix milliemes de *metre*, autrement un peu plus d'un tiers.

IIe. *Exemple.* On veut connaître l'unité métrique d'une aune de 3 pieds 5 pouces, pour la comparer à la même unité fondamentale.

Solution. Réduisez le tout en pouces, vous aurez 41 pouces qui, transformés en *metre*, par le moyen de ladite table-matrice A, vous donneront,

Pour 40 pouces................ 1,0824
Pour 1 pouce.................. 0,0271

Total 1,1095

---

(1) Les opérations qui vont suivre sont toutes faites avec les mesures de France et d'après les tables-matrices dressées sur leurs différentes longueurs ; cela n'empêche pas que les regles que je donne à ce sujet ne soient applicables à tel système de mesure que ce soit, établi ou à établir. Je prie les lecteurs de tous les pays de ne pas l'oublier.

(2) Petit ouvrage in-18 qui se trouve à la même adresse que celui-ci, qui est du prix de 20 sols.

(3) J'ai cru ne devoir prendre que 4 décimales.

(4) Ne prenant que 4 décimales, j'aurais dû me borner à ceci : 0,0811 ; mais comme il y a pour cinquieme décimale un 8, j'ai suivi l'usage des géometres, qui est d'augmenter toujours la derniere décimale conservée d'un chiffre, quand celle qu'on néglige est au-dessus de cinq.

C 2

[28]

C'est-à-dire 1 fois l'unité fondamentale, et près de 11 centiemes.

IIIe. *Exemple.* On veut connaître l'unité métrique d'une chaîne de 19 pieds 4 pouces, pour la comparer à la même unité fondamentale.

Solution. Réduisez également le tout en pouces, vous aurez 232 pouces courans, qui, transformés en *metres*, par le moyen de la même table-matrice A, vous donneront,

Pour 200 pouces courans. 5,4122
Pour 30. 0,8118
Pour 2 0,0541
                                          ————
        Total 6,2781

C'est-à-dire 6 fois l'unité fondamentale, et bien près de 28 centiemes en sus.

IVe. *Exemple.* On veut connaître l'unité métrique d'une lieue de 2855 toises, pour la comparer à la même unité fondamentale.

Solution. Réduisez également le tout en pouces courans, vous aurez 204120 pouces courans, qui, transformés en *metres*, par le moyen de ladite table-matrice A, vous donneront,

Pour les 200000 pouces. 5412,21
Pour les 4000. 108,24
Pour les 100.   2,71
Pour les 20   0,54
                                          ————
        Total 5523,70

C'est-à-dire 5523 fois l'unité fondamentale, et un peu plus des 2 tiers.

DEUXIEME CLASSE. *Mesures de surface.*

Du mono de surface des bâtimens.

Ier. *Exemple.* On veut connaître l'unité métrique d'un pied de 11 pouces et demi, élevé à son quarré, pour le comparer à l'unité fondamentale , qui est en France le *metre quarré*.

Solution. Multipliez 11 pouces 50 centiemes (1) par 11 pouces 50 centiemes , il viendra 132 pouces 25 centiemes ou un quart, qui, transformés en *metres quarrés* par le moyen de la troisieme table-matrice C du Métrographe exact, vous donneront, en vous servant de la seconde virgule , suivant l'observation ,

Pour 100 pouces quarrés........ 0,0732
Pour 50..................... 0,0220
Pour 2..................... 0,0015
Pour 1 quart de pouce 0,0002

Total 0,0969

C'est-à-dire que sur dix mille parties dont le *metre quarré* est composé, un pied de 11 pouces ½ n'en contient que 969, c'est-à-dire un peu moins d'un 10°.

II°. *Exemple*. On veut connaître l'unité métrique d'une toise de 5 pieds 9 pouces de longueur, élevée à son quarré , pour la comparer à la même unité fondamentale.

Solution. Réduisez le tout en pouces courans , vous aurez 69 pouces, qui, multipliés par 69 pouces, donneront pour la valeur de cette toise en pouces quarrés, 4761 pouces quarrés, lesquels transformés en *metres* quarrés par ladite table-matrice C, vous donneront , en vous servant idem de la 2°. virgule ,

Pour 4000 pouces quarrés...... 2,9292
Pour 700..................... 0,5126
Pour 60..................... 0,0439
Pour 1..................... 0,0007

Total 3,4864

(1) 50 centiemes sont ici pour le demi pouce, attendu qu'on suppose le pouce un entier , divisé en cent parties. Quand on a de ces sortes de fractions, il faut aller à la table XXI du Métrographe exact, on y trouve les transformations toutes faites en centiemes des fractions les plus usitées.

C'est-à-dire trois fois l'unité fondamentale, et bien près de moitié en sus.

Du mono de surface agraire.

III°. *Exemple*. On veut connaître l'unité métrique d'une perche quarrée, ou corde quarrée, ou verge quarrée, ou roede quarré, etc., tout comme on voudra, dont le côté a 21 pieds 6 pouces de longueur, pour le comparer à l'unité fondamentale, qui est en France l'*are*.

Solution. Réduisez le tout en pouces courans, vous aurez 252 pouces courans, qui, multipliés par 252, donneront pour la valeur de cette perche en pouces quarrés, 63504 pouces quarrés, lesquels transformés en *are*, par le moyen de ladite table-matrice C, vous donneront, en vous servant de la première virgule sur la gauche, et ne faisant point attention à la deuxième,

Pour 60000 pouces quarrés..... 0,4394
Pour 3000 0,0220
Pour 500 0,0037
Pour 4 0,0000
———————————
Total 0,4651

C'est-à-dire que sur dix mille parties dont l'*are* est composée, une perche de 21 pieds 6 pouces, élevée à son quarré, n'en contient que 4651 parties, c'est-à-dire quelque chose moins que la moitié.

IV°. *exemple*. On veut connaître l'unité métrique d'un arpent, ou d'un journal, ou d'une concade, ou d'une sétérée, ou d'un bunder, ou de toute autre mesure que ce soit du même genre, pour le comparer au même mono de surface agraire.

Solution. Comme tout arpent, tout journal, etc., ne se compose que d'une certaine quantité de perches quarrées, ou de cordes quarrées, ou de verges quarrées, qui ne sont elles-mêmes que des surfaces quarrées, dont un des côtés a une longueur quelconque, on fait alors le travail comme pour les perches ou les verges ; et quand on a trouvé son unité métrique, on ne fait que transposer la virgule de deux places vers la gauche, si l'arpent ou le journal contient 100 perches ou 100 verges, etc., et la diviser par le nombre de ces mêmes perches ou verges, s'il est plus grand ou plus petit.

Je n'ai pas cru devoir faire cette opération en chiffres.

TROISIEME CLASSE. *Mesures cubiques.*

Ier. *exemple.* On veut connaître l'unité métrique d'un pied de 10 pouces 2 tiers, élevé à son cube, et le comparer à l'unité fondamentale, qui est en France le *metre cube*, autrement le *stere*.

Solution. Multipliez 10 pouces 2 tiers, autrement par la table XXI du Métrographe exact, 10 pouces 67 centièmes, et le produit qui en est résulté par le même nombre, il viendra pour nouveau produit, 1214 pouces cubes 77 centièmes, qui, transformés en metres cubes par le moyen de la table-matrice E du Métrographe exact, donneront, en se servant de la première virgule, et ne faisant point attention aux autres,

Pour 1000 pouces cubes........ 0,01982
Pour 200..................... 0,00396
Pour 10...................... 0,00020
Pour 4....................... 0,00008
Pour 3 quarts de pouce cube... 0,00001

Total 0,02407

C'est-à-dire que sur cent mille parties dont le *stere* est composé, un pied de 10 pouces 2 tiers élevé à son cube, n'en contient que 2407 parties ; c'est-à-dire 2 centiemes et près de la moitié d'un.

IIe. *exemple*. On veut connaître l'unité métrique d'une toise de 6 pieds 3 pouces courans, élevée à son cube, pour la comparer à la même unité fondamentale.

Solution. Multipliez 6 pieds 3 pouces courans, c'est-à-dire 75 pouces courans par 75 pouces courans, et le produit qui en résulte par le même nombre 75, il viendra au produit 421875 pouces cubes, qui, par le moyen de la même table-matrice E, donneront, en se servant *idem* de la premiere virgule,

Pour 400000 pouces cubes	7,92672
Pour 20000	0,59655
Pour 1000	0,01982
Pour 800	0,01585
Pour 70	0,00159
Pour 5	0,00010
Total	8,56021

C'est-à-dire 8 fois l'unité fondamentale, et un peu plus d'un tiers en sus.

Quatrieme classe. *Mesures de capacité à liquides.*

Ier. *exemple*. On veut connaître l'unité métrique d'une pinte de 5 pouces de diametre, et de 5 pouces 2 tiers de hauteur, pour la comparer à l'unité fondamentale, qui est en France le *litre*.

Solution. Multipliez 3 pouces et demi (autrement par ladite table XXI du Métrographe exact 3 pieds 50 centiemes) par 22, et divisez le produit par 7, il viendra au produit 11 pouces pour la circonférence du vase.

Multipliez ensuite la moitié de cette circonférence (5 pouces 50 centiemes) par la moitié du diametre (1 pouce 75 centiemes), il viendra au produit 9 pouces

6ᵐ centiemes, qui, multipliés par 5 pouces 2 tiers (autrement par ladite table xxi 5 pouces 67 centiemes, hauteur de la pinte), feront venir au produit 54 pouces 57 centiemes, lesquels transformés en litre par le moyen de ladite table E, vous donneront, en vous servant de la troisieme virgule sur la droite, suivant l'observation,

Pour 50 pouces cubes.......... 0,9908
Pour 4...................... 0,0793
Pour 57 centiemes ½ de pouce c... 0,0099

Total................ 1,0800

C'est-à-dire une fois l'unité fondamentale, et 8 centiemes en sus.

II°. *exemple.* On veut connaître l'unité métrique d'une velte de 6 pouces de diametre, sur 9 pouces de hauteur, pour la comparer au même *litre.*

Solution. Multipliez 6 pouces par 22, et divisez le produit par 7, il viendra au quotient 18,86 pour la circonférence.

Multipliez ensuite la moitié de cette circonférence (9,43 pouces) par la moitié du diametre (3 pouces), il viendra au produit 28 pouces 29 centiemes, qui, multipliés par 9 pouces (hauteur de la velte), feront venir au produit 254 pouces cubes 61 centiemes, lesquels transformés en *steres* par le moyen de ladite table E, vous donneront, en vous servant toujours de la troisieme virgule sur la droite,

Pour 200 pouces cubes 3,9633
Pour 50..................... 0,9908
Pour 4...................... 0,0793
Pour 1 demi pouce cube....... 0,0099

Total................ 5,0433

C'est-à-dire 5 fois l'unité fondamentale, et près d'un vingt-cinquieme en sus.

D

III⁰. *exemple*. On veut connaître l'unité métrique d'une feuillette, dont les deux diametres ont pour moyenne proportionnelle 17 pouces, et dont le fût est de 21 pouces de longueur, le tout mesuré dans l'intérieur de la piece, pour la comparer au même *litre*.

Solution. Multipliez 17 pouces par 22, et divisez le produit par 7, il vient au quotient 53 pouces 43 centiemes pour la circonférence.

Multipliez ensuite la moitié de cette circonférence (26,72) par la moitié de la moyenne proportionnelle des diametres (8 pouces 50 centiemes), il vient au produit 227 pouces 12 centiemes, qui, multipliés par 21 pouces (longueur de la feuillette), font venir au produit 4769 pouces cubes 52 centiemes, lesquels transformés en *litres*, par le moyen de ladite table E, vous donneront, en vous servant de ladite troisieme virgule, sans faire attention aux autres,

Pour 4000 pouces cubes........ 79,2672
Pour 700.................... 13,8717
Pour 60..................... 1,1890
Pour 9...................... 0,1783
Pour 1 demi pouce cube...... 0,0099
            Total 94,5161

C'est-à-dire 94 fois l'unité fondamentale, et un peu plus de la moitié.

CINQUIEME CLASSE. *Mesures de capacité à grains*.

Comme les mesures à grains sont généralement des cilindres, et que tout cilindre se calcule de la même maniere que les mesures à liquides, c'est-à-dire en multipliant la moitié de leur diametre par la moitié de leur circonférence, et en multipliant le produit par la hautenr du litron, du boisseau, du minot, de la mine, ou de tout ce que l'on voudra, je ne donnerai pas de regle particuliere pour trouver l'unité métrique de ces mesures. Je me contenterai de renvoyer au premier exemple de la quatrieme classe.

Sixieme classe. *Mesures de pesanteur.*

Ier. *exemple.* On veut connaître l'unité métrique d'une once de 7 gros et demi, et la comparer à l'unité fondamentale, qui est en France le *grave* (kilogramme.)

Solution. Allez table-matrice G du Métrographe exact, vous verrez que ces 7 gros et demi transformés vous donneront,

Pour 7 gros...................... o,o267
Pour 1 demi gros............... o,oo19

Total................... o,o286

C'est-à-dire que quand l'unité fondamentale est composée de 10000 parties, une once de 7 gros et demi n'en contient que 286 parties, qui font un peu plus du 40°.

II°. *exemple.* On veut connaître l'unité métrique d'un marc de 69 gros, et le comparer au même *grave* (kilogramme).

Solution. Allez même table G du Métrographe exact, vous verrez que les 69 gros donneront,

Pour 60 gros................... o,2293
Pour 9 .... o,o344

Total................... o,2637

C'est-à-dire que quand l'unité fondamentale contient 10 mille parties, cette mesure n'en contient que 2637.

III°. *exemple.* On veut connaître l'unité métrique d'une livre pesant 157 gros et demi, et la comparer au même *grave* (kilogramme).

Solution. Allez même table G, vous verrez que ces 157 gros et demi vous donneront,

D 2

Pour 100 gros. 0,3821
Pour 50 0,1911
Pour 7 0,0267
Pour 1 demi gros 0,0019

Total 0,6018

C'est-à-dire que quand l'unité fondamentale contient 10 mille parties, cette mesure n'en contient que 6018, ou un peu plus de 3 cinquièmes.

IVe. *exemple*. On veut connaître l'unité métrique d'un quintal, qui ne pese que 95 livres 6 onces 5 gros, poids de marc, et le comparer au même *grave* (kilogramme).

Solution. Réduisez le tout en gros, il viendra 11957 gros, qui, transformés en *graves* suivant la même table G du Métrographe exact, donneront,

Pour 10000 gros. 38,2145
Pour 1000 3,8214
Pour 900 3,4393
Pour 50 0,1911
Pour 7 0,0267

Total 45,6930

C'est-à-dire 45 fois et plus de 2 tiers de fois l'unité fondamentale.

V^e. *exemple*. On veut connaître l'unité métrique d'un *millier*, qui, vérification faite, pese 11 quintaux 75 livres, poids de marc, et le comparer au même *grave* (kilogramme).

Solution. Réduisez le tout en gros, il viendra 150400 gros, qui, transformés en *graves* suivant la même table G, donneront,

Pour 100000 gros. 382,145
Pour 50000 191,073
Pour 400 1,528

Total 574,746

Des monnaies étrangeres.

Exemple unique. On veut connaître l'unité métrique d'une monnaie valant intrinséquement 2 liv. 17 s. 9 d. pour la comparer à l'unité monétaire.

Solution. Réduisez les 17 s. 9 d. en centiemes par le moyen de la table XXII du Métrographe exact, il viendra à la place 887 millimes, qui, joints aux 2 livres qui précedent, feront 2 francs 887 millimes, et donneront pour unité métrique 2,88700

Je ne donnerai pas d'autre exemple sur ce genre de transformation, attendu qu'il ne varie jamais.

NOUVEAUX développemens sur l'assortiment des mesures entr'elles, de maniere à n'avoir jamais à opérer que dans la même colonne, telles disparates qu'elles soient.

J'avais bien déjà dit quelque chose sur cet objet pages 11 et 12; mais comme je n'y avais présenté aucun exemple, et qu'il n'y a que ce seul moyen d'instruire efficacement, je reviens de nouveau sur ce apprendre à mes lecteurs la maniere d'opérer par le chapitre, pour moyen de la caractéristique des unités métriques des mesures à transformer (1).

En effet, les deux unités métriques sont-elles celles-ci :

La verge de Londres......... 0,91444
Et l'aune du Paris........... 1,18805

On voit dès le premier coup-d'œil que c'est du

---

(1) Il est bon que tout le monde sache qu'il faut entendre par *caractéristique* de l'unité métrique le premier chiffre de cette unité, soit qu'il se trouve le premier sur la gauche, comme dans les exemples de la page 28, soit qu'il se trouve placé après un ou plusieurs zéros, comme dans les exemples des pages 27 et 29.

comparateur *A* dont on doit se servir, puisque les caractéristiques 0,9 et 1 se trouvent entre 0,6 et 2 (1), caractéristiques extrêmes de la colonne *A*.

Les deux unités métriques sont-elles également celles-ci :

L'aam d'Amsterdam.......... 154,481
Et l'hogsead de Londres....... 239,701

On voit pareillement qu'elles se transforment par la colonne *B*, puisque les caractéristiques 1 et 2 se trouvent entre 1 et 3, caractéristiques extrêmes de la colonne *B*.

Les deux unités métriques sont-elles enfin celles-ci :

Le tomoli de Naples....... 89,2851
Et le staïo de Turin........ 38,2241

On voit qu'elles se transforment par le comparateur *C*, puisque les caractéristiques 3 et 8 se trouvent entre 3 et 10, caractéristiques extrêmes de la colonne *C*.

Il n'est donc, comme on voit, rien de de si facile que de savoir distinguer la colonne à l'aide de laquelle on doit opérer, puisqu'il ne s'agit que de choisir les mesures dont les unités métriques se rapprochent le plus.

---

(1) Quoique j'aie déjà dit dans l'introduction pourquoi la colonne *A* n'a pas commencé par 0,5 , par 0,4 , par 0,3 , etc. , je vais en donner encore deux nouvelles raisons ; la première, c'est que voulant faciliter particulierement la transformation des mesures qui se trouvent, les unes un peu plus petites que celle qui a servi de type fondamental, et les autres un peu plus grandes, j'ai voulu que l'on puisse faire ces transformations sans avoir besoin de *doubler* ni *tripler* les unités métriques, ni d'en prendre la *moitié* ou le *tiers* ; la seconde, c'est parce que le comparateur n'a pas permis une plus grande extension. J'indique d'ailleurs dans ce qui suit à suppléer cette désinence par le simple moyen du *doublement* ou *triplement* de la mesure , dont l'unité métrique se trouve au-dessous de 0,6 , ou par la colonne C, quand les deux transformandes se trouvent entre 0,3 et 1.

Mais dira-t-on (et c'est l'objection que je me suis déjà faite pages 11 et 12), il peut se présenter des mesures tellement différentes entr'elles, que leurs unités métriques ne puissent se trouver dans la même colonne, telles que

L'aune de Paris et le brache de Basle, dont la premiere est dans la colonne A, et la seconde au dehors.

Le boisseau de Paris et le fanega de Cadix, dont la premiere est de la colonne *B*, et la deuxieme dans la colonne *C*.

Et enfin le tonneau de 960 pintes et l'hogsead de Londres, dont la premiere est dans la colonne *C*, et la seconde dans la colonne *B*.

Mais voici à cet égard la maniere de lever ces trois difficultés.

C'est de chercher parmi les *multiples* et *sous-multiples* des mesures à transformer, ceux qui se trouvent dans la même colonne; et dans le cas où ces mesures ne présenteraient ni *multiples*, ni *sous-multiples*, comme le boisseau de Bordeaux et le scheffel de Léipsick déjà cités, de *doubler ou tripler l'unité métrique la plus faible, jusqu'à ce que sa caractéristique se trouve dans la colonne de la plus forte, ou bien de prendre la moitié ou le tiers de la plus forte, jusqu'à ce que son unité métrique se trouve dans la colonne de la plus faible,* parce qu'alors voici ce qu'il arrivera.

Ou ce sera la mesure hors de la colonne qu'il s'agira de transformer en celle qui s'y trouve, ou ce sera le contraire.

Si c'est la mesure hors de la colonne, alors, après avoir doublé ou triplé l'unité métrique, ou bien en avoir pris la moitié ou le tiers, selon le cas, il faudra prendre la moitié ou le tiers du produit de l'opération, si c'est la petitesse de la mesure qui est cause qu'elle n'y est pas entrée, et doubler ou tripler ce même produit, si c'est sa grandeur.

Si c'est au contraire la mesure placée dans la colonne qui soit à transformer en celle du dehors, ce sera de faire exactement l'inverse, c'est-à-dire de doubler ou tripler le produit de l'opération si la mesure est plus petite, et prendre la moitié ou le tiers si elle est plus grande.

Mais comme des exemples rendront ceci beaucoup plus sensible, je vais en présenter pour chacun de ces cas, et les donner successivement sur chaque colonne.

EXEMPLES POUR LA COLONNE *A.*

Exemple d'une mesure que la petitesse de son unité métrique a empêché de se trouver dans la colonne A, et qu'il s'agit de transformer en une qui y est naturellement placée.

Combien 68 braches de Basle (dont l'unité métrique 0,548 n'a pu entrer en A, à cause de sa petitesse, mais dont le double 1,096 s'y trouve), font-ils d'aunes de Paris (1,188, placé naturellement dans cette colonne) et quel prix doit valoir cette derniere mesure, quand la premiere vaut 3 liv. 8 sols ?

SOLUTION.

Pour les mesures : ouvrez (5ᵉ. regle) le compas de 68 transversales sur 1,096, double de 0,548, et transportez-le ainsi ouvert sur 1,188, il viendra 63 transversales, dont la moitié, 31,50 (puisqu'on a doublé l'unité métrique du brache), signifiera que 68 braches de Basle font 31,50 aunes de Paris, autrement 31 aunes et demie.

Pour les prix : ouvrez (2ᵉ. regle) le compas de 34 transversales sur 1,188, et transportez-le ainsi ouvert sur 1,096, il viendra 37 transversales, dont

le

le double, 74 (notez que l'on fait ici l'inverse) signifiera que quand le brache de Basle vaut 3 liv. 8 sols,
l'aune de Paris vaut 7,40 francs, autrement 7 liv. 8 s.

Exemple contraire, c'est-à-dire d'une mesure
placée dans la colonne A, et qu'il s'agit de
transformer en une que la petitesse de son unité
métrique a empêché d'y entrer.

Combien 48 aunes de Paris (1,188 placé en A)
font-elles de brasses de Milan pour les soies (dont
l'unité métrique 0,523 n'a pu entrer en A par la
même raison, mais dont le double 1,046 s'y trouve),
et quel prix doit valoir cette derniere mesure quand
la premiere vaut 8 liv. 6 sols ?

SOLUTION.

Pour les mesures : ouvrez (3ᵉ. regle) le compas
de 48 transversales sur 1,188, et transportez-le ainsi
ouvert sur 1,046, double de 0,523, il viendra 54,50
transversales, dont le double, 109 (puisque l'on a
doublé l'unité métrique, et qu'ici l'on fait l'inverse),
signifiera que 48 aunes de Paris font 109 brasses de
Milan pour les soies.

Pour les prix : ouvrez (2ᵉ. regle) le compas de
83 transversales sur 1,046, double de 0,523, et transportez-le ainsi ouvert sur 1,188, il viendra 73 transversales, dont la moitié 36,50 (à cause de l'inverse)
signifiera que quand l'aune de Paris vaut 8 liv. 6 s.,
la brasse de Milan pour les soies vaut 3,65 francs,
c'est-à-dire 5 liv. 13 sols.

Exemple d'une mesure que la grandeur de son
unité métrique a empêché d'entrer dans la co-
lonne A, et qu'il s'agit de transformer en une
qui y est placée.

Combien 36 cannes de Livourne (dont l'unité
2,330 n'a pu entrer en A, à cause de sa grandeur,
E

mais dont la moitié 1,165 s'y trouve) font-elles de verges de Londres (0,914, placé naturellement en *A*), et quel prix doit valoir cette derniere mesure quand la premiere vaut 5 liv. 12 sols ?

SOLUTION.

Pour les mesures : ouvrez (3°. regle) le compas de 36 transversales sur 1,165, moitié de 2,330, et transportez-le ainsi ouvert sur 0,914, il viendra 46 transversales, dont le double 92 (puisqu'on a pris la moitié de l'unité métrique de la canne de Livourne) signifiera que 36 cannes de Livourne font 92 verges de Londres.

Pour les prix : ouvrez (2°. regle) le compas de 56 transversales sur 0,914, et transportez-le ainsi ouvert sur 1,165, il viendra 44 transversales, dont la moitié 22 (à cause de l'inverse) signifiera que quand la canne de Livourne vaut 5 liv. 12 sols, la verge de Londres vaut 22 dixiemes de franc, c'est-à-dire 2,20 francs, autrement 2 liv. 4 sols.

Exemple contraire, c'est-à-dire d'une mesure placée dans la colonne A*, et qu'il s'agit de transformer en une que la grandeur de son unité métrique a empêché d'y entrer.*

Combien 53 archines de Pétersbourg (0,717, placées naturellement en *A*) font-elles de cannes de Naples (dont l'unité métrique 2,102 n'a pu y entrer, par la même raison, mais dont la moitié 1,051 s'y trouve), et quel prix doit valoir cette derniere mesure quand la premiere vaut 5 liv. 17 sols ?

SOLUTION.

Pour les mesures : ouvrez (3°. regle) le compas de 53 transversales sur 0,717, transportez-le ainsi ouvert sur 1,051, moitié de 2,102, il viendra 36 transversales, dont la moitié 18 (puisque l'on a pris la moitié de l'unité métrique, et qu'ici l'on fait l'inverse) signifiera que 53 archines de Pétersbourg font 18 cannes de Naples.

Pour les prix : ouvrez (2e. regle) le compas de 50,50 transversales sur 1,051 ; transportez-le ainsi ouvert sur 0,717, il viendra 85,50, dont le double 171,0 (à cause de l'inverse) signifiera que quand l'archine de Pétersbourg vaut 5 liv. 17 sols, la canne de Naples doit valoir 17,10 francs, c'est-à-dire 17 l. 2 s.

Exemples sur la colonne *B*.

Exemple d'une mesure que la petitesse de son unité métrique a empêché de se trouver dans la colonne B, et qu'il s'agit de transformer en une qui y est placée.

Nota. Les quatre exemples qui vont suivre pour la colonne *B*, ainsi que les quatre qui les suivront pour la colonne *C*, étant exactement du même genre que les quatre de la colonne *A*, j'ai cru devoir en donner seulement la solution, pour que ceux qui ne sont pas familiarisés à ce genre de calculs puissent essayer de se rencontrer avec moi dans leurs résultats.

Combien 580 covados de Lisbonne (dont l'unité métrique 0,656 n'a pu entrer en *B*, à cause de sa petitesse, mais dont le double 1,512 s'y trouve), font-ils de perches courantes de 5 pieds de Florence (2,91 , placé naturellement dans cette colonne), et quel prix doit valoir cette derniere mesure quand la premiere vaut 4 liv. 5 sols ?

Solution.

580 covados de Lisbonne font 132,50 perches courantes de 5 pieds de Florence ; et quand le covado vaut 4 liv. 5 sols, la perche courante de 5 pieds de Florence vaut 18,80 francs, c'est-à-dire 18 liv. 16 s.

E 2

Exemple contraire , c'est-à-dire d'une mesure placée dans la colonne B, *et qu'il s'agit de transformer en une que la petitesse de son unité métrique a empêché d'y entrer.*

Combien 46 cavezzos de Plaisance (2,818, placés naturellement en B), font-ils de pieds liprando de Turin (dont l'unité métrique 0,513 n'a pu trouver sa place dans la colonne *B* , mais dont le double 1,026 s'y trouve), et quel prix doit valoir cette derniere mesure quand la premiere vaut 6 liv. 8 sols ?

S O L U T I O N.

46 cavezzos de Plaisance font 250 pieds liprandos ; et quand le cavezzo vaut 6 liv. 8 sols, le pied liprando ne vaut que 1,17 franc, c'est-à-dire 1 liv. 3 s. 6 d.

Exemple d'une mesure que la grandeur de son unité métrique a empéché d'entrer dans la colonne B, *et qu'il s'agit de transformer en une qui y est placée.*

Combien 38 parasanges de Perse (dont l'unité métrique 5000 n'a pu entrer en *B* , à cause de sa grandeur, mais dont la moitié 2500 s'y trouve), font-ils de milles marins (1888,), et combien en doit-il coûter pour voyager dans un pays qui les employe, s'il en coûte dans le premier 6 liv. par parasange ?

S O L U T I O N.

38 parasanges font 100,50 milles marins ; et quand il en coûte 6 liv. par parasange , il en coûte 2,27 francs par mille marin, c'est-à-dire 2 liv. 5 sols 6 deniers.

Exemple contraire , c'est-à-dire d'une mesure placée dans la colonne B, *et qu'il s'agit de transformer en une que la grandeur de son unité métrique a empéché d'y trouver place.*

Combien 56 boisseaux de Paris (12,68, placés

naturellement en B), font-ils de quartes de Rome (dont l'unité métrique 66,73 n'a pu entrer en B par la même raison, mais dont le tiers 22,24 s'y trouve) (1), et quel prix doit valoir cette derniere mesure, quand la premiere vaut 38 s. ?

SOLUTION.

56 boisseaux de Paris font 10,67 quartes de Rome, et quand le boisseau de Paris vaut 38 sols, la quarte de Rome vaut 202 sols, c'est-à-dire 10 liv. 2 sols.

Nota. Il faut bien se garder de se servir de la ligne du comparateur sur laquelle est écrit le *boisseau de Paris*, on commettrait une erreur grave; car on opérerait alors en A, tandis qu'il faut opérer en B.

EXEMPLES SUR LA COLONNE C.

Exemple d'une mesure que la petitesse de son unité métrique a empéché de se trouver dans la colonne C, et qu'il s'agit de transformer en une qui y est placée.

Combien 46 marcs d'argent de France (dont l'unité métrique 0,244 n'a pu entrer en C, à cause de sa petitesse, mais dont le double 0,488 s'y trouve), font-ils de *libra grossa* de Milan (0,576, placés naturellement dans cette colonne), et quel prix doit

---

(1) On sait très-bien que l'on aurait pu faire cette transformation par le moyen du minot, au lieu de la faire par celui du boisseau, puisque l'unité métr. du premier 38,04, se fût trouvée dans la même colonne que 66,73, et qu'ainsi, au lieu de prendre le tiers de cette derniere unité pour opérer en B, on eût opéré tout naturellement en C; mais comme il faut savoir lever les difficultés, de telle nature qu'elles se présentent, on a supposé que celui qui avait cette transformation à faire ne connaissait que le boisseau de Paris, et qu'ainsi il lui fallait absolument, ou tripler 12,68 pour opérer en C, ou prendre le tiers de 66,73 pour opérer en B, ce qui, dans tous les cas, occasionnait une opération complexe : or, il fallait opter, et c'est ce que j'ai fait.

valoir cette derniere mesure, quand la premiere vaut 56 liv. ?

SOLUTION.

46 marcs d'argent font 19,50 libra grossa de Milan, et quand le marc de France vaut 56 liv., la libra grossa de Milan vaut 132 liv.

Exemple contraire, c'est-à-dire d'une mesure placé dans la colonne C, et qu'il s'agit de transformer en une que la petitesse de son unité métrique a empêché d'y entrer.

Combien 54 livres d'argent de Naples (0,320, placé naturellement en *C*), font-ils de marcs d'argent de France (dont l'unité métrique 0,244 n'a pu entrer en *C* par la même raison, mais dont le double 0,488 s'y trouve), et quel prix doit valoir cette derniere mesure quand la premiere vaut 78 liv. ?

SOLUTION.

54 livres d'argent de Naples font 70,50 marcs d'argent de France, et quand la livre de Naples vaut 78 liv., le marc de France vaut 59,75 francs, c'est-à-dire 59 liv. 15 sols.

Exemple d'une mesure que la grandeur de son unité métrique a empêché d'entrer dans la colonne C, et qu'il s'agit de transformer en une qui y est placée.

Combien 50 tonnes à grains de Stockolm (dont l'unité métrique 161,8 n'a pu entrer en *C*, à cause de sa grandeur, mais dont la moitié 80,90 s'y trouve), font-ils de vaatens de Hambourg (52,63 placés naturellement dans cette colonne), et quel prix doit valoir cette derniere mesure, quand la premiere vaut 26 l. ?

SOLUTION.

50 tonnes à grains de Stockolm font 152,50 vaatens

de Hambourg; et quand la tonne à grains vaut 26 liv., le vaaten vaut 16,90 francs, c'est-à-dire 16 liv. 18 s.

Exemple contraire, c'est-à-dire d'une mesure placée dans la colonne C, et qu'il s'agit de transformer en une que la grandeur de son unité métrique a empéché d'y entrer.

Combien 41 minots de Paris (38,04, placés naturellement en *C*), font-ils de moggios de Milan (dont l'unité métrique 137,1 n'a pu entrer en *C* par la même raison, mais dont la moitié 68,55 s'y trouve), et quel prix doit valoir cette derniere, quand la premiere vaut 6 liv. ?

S O L U T I O N .

41 minots de Paris font 11,40 moggios de Milan, et quand le minot de Paris vaut 6 liv., le moggio de Milan vaut 21,40 francs, c'est-à-dire 21 liv. 8 s.

Quoique toutes les opérations qui précedent ne soient pas très-difficiles à faire, puisqu'il ne s'agit, dans tous les cas, que de savoir à propos doubler, ou tripler, ou bien prendre la moitié ou le tiers des unités métriques et des produits, il vaut encore bien mieux, néanmoins, assortir les mesures entr'elles de maniere à ce qu'elles n'obligent jamais à ces opérations, que de se fatiguer inutilement la tête à retenir des regles que l'on peut quelquefois confondre, malgré qu'on y fasse attention.

La raison en est du moins facile à sentir. Chacun ne connaît-il pas toujours généralement les mesures de son endroit? Eh bien, si cela est, je ne vois rien de si aisé que de rapprocher toutes les mesures entr'elles, de maniere à ce qu'elles se trouvent toujours dans la même colonne; car il ne faut pour cela qu'opposer la *lieue* à la *lieue*, la *perche* à la *perche*, la *toise* à la *toise*, l'*aune* à l'*aune*, le*pied* au *pied*, le *pouce* au *pouce*, la *ligne* à la *ligne*, etc., et avoir la même attention pour toutes les classes de mesures quelles qu'elles soient.

En effet, dans la supposition où l'on voudrait transformer en mesures usitées à Paris, les 38 qui suivent, prises au hasard de tous les pays de la terre, on en aurait la plus grande facilité, rien qu'en assortissant les mesures entr'elles comme il suit :

Transformations en mesures analogues.

68 pieds d'Angleterre (0,305) se transformeraient par la colonne C en pieds de roi (0,324), et produiraient 64 pieds de roi.

42 aunes d'Amsterdam (0,690) se transformeraient par la colonne A en aune de Paris (1,189), et produiraient 24,33 aunes.

4000 pas géométriques d'Allemagne (1,853) se transformeraient par A ou par B en toise de roi (1,948), et produiraient 3820 toises.

500 roedes de 20 pieds d'Anvers (5,707) se transformeraient par C en perches de Paris (5,845), et produiraient 484 perches de Paris.

36 lieues de 20 au degré (5555,) se transformeraient par C en lieues communes de 25 au degré (4444), et produiraient 45,25 lieues communes.

250 pouces quarrés de Copenhague (0,067) se transformeraient par C en pouces quarrés de roi (0,073), et produiraient 227 pouces quarrés de roi.

480 pieds quarrés de Milan (0,158) se transformeraient par A ou par B, mais plutôt par A, en pieds quarrés (0,105), et produiraient 721 pieds quarrés.

62 klafters quarrés de Vienne (3,595) se transformeraient par C en toise quarrée de roi (3,796), et produiraient 58,50 toises quarrées.

350 cavezzis quarrés de Milan (0,783) se transformeraient par C en perche quarrée de roi (0,514), et produiraient 534 perches quarrées de roi, ou bien en
perche

perche quarrée de Paris (0,342), et produiraient
79,50 perches quarrées de Paris.

650 moggios de Naples (33,43) se transformeraient
par C en arpens de roi (51,04), et produiraient 425
arpens.

48 foots cubes d'Angleterre (0,028) se transformeraient par B en demi-pieds cubes de roi (1) (0,017)
moitié de 0,034), et produiraient 79 demi-pieds
cubes, faisant 39,50 pieds de roi.

54 saschines cubes de Russie (9,979) se transformeraient par C, en toise cube de roi (7,396), et
produiraient 72,70 toises cubes.

440 noessels de Léipsick (0,598) se transformeraient par C, en pinte de Paris (0,951), et produiraient 276 pintes de Paris.

300 pots de Lausanne (0,995) se compareraient
par C à la même pinte (0,951), et produiraient 312,50
pintes de Paris.

48 viertels d'Heidelberg (9,345) se transformeraient par C en velte de Paris (7,609), et produiraient 58,80 veltes de Paris.

36 brentas de Milan (71,34) se transformeraient
par C en quartaut de Paris (68,38), et produiraient
37,75 quartauts.

40 saums de Basle (152,8) se transformeraient
par B en muids de 240 pintes (228,3), et produiraient 27 de ces muids.

28 muids de l'Hermitage (365,9) se transformeraient par C en queues de 480 pintes (456,6), et
produiraient 22,50 de ces queues.

---

(1) Voici bien une mesure qui ne se transforme pas naturellement avec celle proposée, puisque je suis obligé de me
servir du demi-pied cube de roi ; mais combien ce moyen
n'est-il pas simple, puisque l'opération faite, il ne s'agit que
de prendre la moitié du produit pour avoir le nombre de
pieds cubes : or, ce moyen est très-simple.

F

45 fuders ou chars de Lausanne (86o,1) se transformeraient par C en tonneaux de 96o pintes (913,2), et produiraient 42,25 de ces derniers.

5o boisseaux du Hâvre (.27,9o) se transformeraient par B en boisseaux de Paris (12,68), et en produiraient 11o.

45 setiers de Montpellier (51,o5) se transformeraient par C en minots de Paris (38,o4), et en produiraient 58.

56 charges de Marseille (157,4) se transformeraient par A en setier de Paris (152,2), et en produiraient 37,25.

21 lasts d'Anvers (2491) se transformeraient par B en muids de Paris (1826), et en produiraient 28,75.

54 grains d'Angleterre (o,oooo75) se transformeraient par C en grains de Paris (o,oooo53), et en produiraient 48.

56 dragmes d'Angleterre (o,oo35) se transformeraient par C en gros de Paris (o,oo38), et en produiraient 52.

87 onces de Ratisbonne (o,o355) se transformeraient par C en onces de Paris (o,o3o5), et en produiraient 1o1.

46 marcs de Cologne (o,234) se transformeraient par B en marc de Paris (o,244), et en produiraient 44,1o.

54 libra grossa de Milan (o,576), se transformeraient par C en livre de Paris de 16 onces (o,489), et en produiraient 63,25.

32 quintaux de Provence, poids de table (41,38), se transformeraient par C en quintal de Paris, poids de marc (48,91), et en produiraient 27,1o.

27 tonneaux d'Amsterdam (982,7) se transformeraient par C en millier de Paris, poids de marc (489,1), et en produiraient 54,5o.

85 maravedis d'Espagne (o,oo8) se transforme

raient en millimes par la colonne C, et en produiraient 68.

4o dixains de Portugal (o,o74) se transformeraient en centimes par la même colonne C, et en produiraient 29,7o.

6o pennys d'Angleterre (o,1o3) se transformeraient en décimes par la colonne A, et en produiraient 62.

45 florins gouldes courans d'Amsterdam (2,172) se transformeraient en francs par la colonne B, et en produiraient 97,5o.

32 rixdalers de Basle (4,438) se transformeraient en pistoles par la colonne C, et en produiraient 14,33.

42 sequins de Gênes (11,38) se transformeraient *idem* en pistoles par la colonne A, et en produiraient 48.

56 livres sterlings (24,86) se transformeraient *idem* en pistoles par la colonne B, et en produiraient 138.

32 rouponis de Toscane (34,45) se transformeraient en centaines de franc par la colonne C, et en produiraient 18, c'est-à-dire 18oo francs.

Ensorte que l'on serait toujours invariablement guidé, soit par la caractéristique qui indique la colonne dans laquelle on doit opérer, soit par le nombre de chiffres dont la virgule est précédée, soit enfin par celui des zéros qui sont auparavant les mêmes chiffres ; remarques d'autant plus faciles à faire, que ne laissant aucuns doutes sur la marche qu'on doit suivre, on est en quelque sorte conduit par la main au résultat, sur-tout eu égard aux transversales, qui représentent toujours des unités quand les mesures à transformer entr'elles ont un égal nombre de chiffres avant la virgule, ou que les chiffres sont précédés par un nombre égal de zéros.

Seulement, comme sur ce dernier objet il peut se

présenter des cas qui exigent impérieusement la transformation de deux mesures disparates entr'elles,
comme de lieues en toises, de perches en arpens,
de toises cubes en pieds, de pintes en tonneaux, de
muids en boisseaux, de livres en milliers, etc, je
vais indiquer dans ce qui suit la maniere de faire,
dans ce différencs cas, les transformations.

*MANIERE de transformer les mesures disparates
entr'elles, c'est-à-dire de considérer les transversales quand les unités métriques des mesures
à transformer ont un nombre inégal de chiffres
avant la virgule, ou de zéros avant les chiffres.*

Du moment que deux mesures, ayant dans leurs
unités métriques un même nombre de chiffres avant
la virgule ou de zéros avant les chiffres, rendent les
transversales du comparateur représentatives d'unités
de mesures correspondantes, il faut de toute nécessité que quand ces unités different entr'elles, le résultat differe aussi. Les choses étant ainsi, voici la
regle générale qu'on peut établir.

C'est que les transversales représentent toujours
invariablement ce qui suit; savoir :

Des dixaines d'unités si l'unité métrique de la mesure *connue* (1) a un chiffre de plus que l'*inconnue*.

Des centaines si elle en a deux.

Des milliers si elle en a trois.

Des dix-milliers si elle en a 4, etc.

Comme elles ne représentent jamais dans le cas
contraire que ce qui suit, savoir :

____

(1) On se sert ici des mots *connus* et *inconnus* pour désigner,
non les mesures en elles-mêmes, car il faut bien qu'elles
soient toutes deux connues pour pouvoir être transformées,
mais le résultat de la transformation, qui est toujours inconnu
pour la seconde mesure avant que l'opération soit achevée.

Des dixiemes si l'unité métrique de la mesure *connue* a un chiffre de moins que *l'inconnue.*

Des centiemes si elle en a deux.

Des milliemes si elle en a trois.

Des dix-milliemes, si elle en a quatre, etc.

Or, d'après cela, rien de plus aisé que de faire ses transformations ; car par une sorte de mécanisme on découvrira au premier coup-d'œil ce que les transversales doivent valoir.

En effet, si l'unité métrique de la mesure connue a quatre chiffres, comme ceci : 1826, tandis que celle de l'inconnue n'en a que trois, comme 157,2 ou bien deux, comme 12,68, ou bien un, comme 7,324, ou bien n'a qu'un zéro auparavant, comme 0,423, ou bien a un zéro devant et après la virgule, comme 0,0273, ou bien a un zéro devant et deux après, comme 0,0054, etc. (ce qui présente la décroissance successive des nombres dans l'ordre décimal), on voit au même instant, en se rappellant de la règle, que si la mesure *connue* a quatre chiffres avant la virgule, l'*inconnue* qui en a trois produira des dixaines, celle qui en a deux des centaines, celle qui n'en a qu'un, des milliers, celle qui a un zéro avant la virgule, des dix-milliers, celle qui a un zéro devant et après, des cent-milliers, et enfin celle qui a un zéro devant et deux après, des millions.

De même que si l'unité métrique de la mesure *connue* a un zéro devant la virgule, et trois après, comme ceci : 0,00065, tandis que celle de l'*inconnue* n'en a que deux après, comme 0,0037, ou bien un après, comme 0,045, ou bien un devant, comme 0,546, ou bien un chiffre devant la virgule, comme 7,068, ou bien deux auparavant, comme 95,41, ou bien trois, comme 548,2, etc. (ce qui est présenter, dans le sens contraire, l'accroissement des mêmes nombres dans l'ordre décimal), on voit, en se rappelant également de la regle, que si la mesure *connue* a trois zéros après la virgule et avant la caractéristique des chiffres, l'*inconnue* qui n'en a que deux produit des dixiemes; celle qui n'en a qu'un, des centiemes; celle qui a un zéro avant la virgule, des milliemes; un chiffre auparavant, des dix-milliemes; deux chiffres auparavant, des cent milliemes, trois chiffres auparavant, des millionemes, etc.

Mais comme on ne voit guères la nécessité de transformer des mesures aussi disparates, et que c'est uniquement pour faire connaître le principe dans toute son étendue que je l'ai fait aller jusqu'au million dans la série descendante, et jusqu'au millioneme dans la série croissante, je vais me borner à donner trois exemples de cette transformation, le premier sur la colonne *A*, le second sur la colonne *B*, et le troisieme sur la colonne *C*, pour que l'on n'ait rien à desirer sur ce genre d'opérations.

Exemple sur la colonne A, *présentant la différence d'un chiffre entre la mesure* connue *et celle* inconnue, *tant pour les mesures que pour les prix.*

Combien 28 arrobes majors de Cadix (15,95) font-elles de pintes de Paris (0,951) *, et quel prix doit coûter cette derniere mesure quand la premiere vaut 54 francs?

SOLUTION.

Pour les mesures : ouvrez le compas de 28 transversales sur 15,95, transportez-le ainsi ouvert sur

---

* Il est bon d'observer ici que dans les colonnes *B* et *C* il y aurait eu une différence *centuple* ou *centimée* entre les transversales précédentes, parce que le zéro devant la virgule y aurait compté pour deux chiffres de moins ; mais ici le zéro avant la virgule se trouvant l'effet d'une combinaison particuliere qui l'a placé dans la même colonne, le résultat des transversales est le même que s'il n'y avait qu'une différence décuple entre 15,95 et 0,951, et décimée entre 0,951 et 15,95.

o,951 ; il viendra 46¾ transversales, c'est-à-dire 46,75, qui, au moyen de ce que ces dernieres valent dix fois plus quand la mesure *connue* a un chiffre de plus que que l'*inconnue* avant la virgule, nous indiqueront que 28 arrobes majors de Cadix font 467,50 pintes de Paris.

Pour les prix : ouvrez le compas de 64 transversales sur o,951 ; transportez-le ainsi ouvert sur 15,95, il viendra 38,50 transversales, qui, au moyen de ce que ces dernieres valent dix fois moins quand la mesure *connue* a un chiffre de moins que l'*inconnue* avant la virgule, nous indiqueront que quand l'arrobe major de Cadix vaut 64 liv., la pinte de Paris vaut 38,50 dixiemes de franc, c'est-à-dire 5,85 francs, ou plutôt 3 liv. 17 sols.

Exemple sur la colonne B, *présentant la différence de deux chiffres avant la virgule, pour les mesures comme pour les prix.*

Combien 38 muids de bled de Paris (1826,) font-ils de boisseaux du même endroit (12,68), et quel prix doit valoir cette derniere mesure quand la premiere vaut 327 liv. 10 sols, c'est-à-dire 32 pistoles trois quarts (1) ?

SOLUTION.

Pour les mesures : ouvrez le compas de 38 transversales sur 1826, présentez-le ainsi ouvert sur 12,68, il viendra 54,50 transversales, qui, au moyen de ce que ces dernieres valent cent fois plus quand la mesure connue a deux chiffres de plus que l'inconnue

---

(1) Il faut, dans ce cas, préférer toujours de parler par pistoles ou dixaines de francs, pour ne pas avoir de doubles regles à retenir ; l'expérience m'a même appris, depuis que la premiere partie de cette instruction a vu le jour, qu'il vaut mieux appeler 300 liv. 30 dixaines de franc, 3000 liv. 30 centaines de francs, et 30000 liv. 30 milliers de francs, que de se servir de leurs expressions naturelles.

avant la virgule, nous indiqueront que 38 muids de bled font 54 centaines et demie de boisseaux, autrement 5450 boisseaux.

Pour les prix : ouvrez le compas de $32\frac{3}{4}$ transversales, c'est-à-dire 32,75, sur 12,68 ; présentez-le ainsi ouvert sur 1826, il viendra 23 transversales, qui, au moyen de ce que ces dernieres valent cent fois moins quand la mesure connue a deux chiffres de plus que l'inconnue avant la virgule, nous indiqueront que quand la premiere vaut 32 pistoles ou dixaines 3 quarts de franc, la seconde vaut 23 centiemes de pistoles, c'est-à-dire 23 dixiemes de franc, autrement 2 francs 30 centimes.

Exemple sur la colonne C, *présentant la différence de trois chiffres avant la virgule, pour les mesures comme pour les prix.*

Combien 23 queues de 480 pintes (456,6) font-elles de pintes de Paris (0,951), et quel prix doit valoir cette derniere, quand la premiere coûte 425 l., c'est-à-dire 42 pistoles et demie ?

(Je donne ici exprès un exemple sur le zéro avant la virgule, afin de mieux faire sentir ce que j'en ai dit quand il se trouvait dans la colonne *A*).

SOLUTION.

Pour les mesures : ouvrez le compas de 23 transversales sur 456,6, présentez-le ainsi ouvert sur 0,951, il viendra 11,15 transversales, qui, au moyen de ce que ces dernieres valent mille fois plus quand la mesure *connue* a trois chiffres de plus que l'*inconnue* avant la virgule, nous indiqueront que 23 queues de 480 pintes font 11150 pintes.

Pour les prix : ouvrez le compas de 42,50 transversales sur 0,951, présentez-le ainsi ouvert sur 456,6, il viendra 88 transversales, qui, au moyen

de

de ce que ces dernieres valent mille fois moins quand la mesure *connue* a trois chiffres de moins que l'*inconnue* avant la virgule, nous indiquerons que 42 pistoles et demie font 88 milliemes de pistoles, autrement 88 centiemes de franc, autrement encore, 88 centimes, qui s'écrivent ainsi : o,88.

Mais je le répete encore une fois, toutes ces opérations sont plus faites pour satisfaire la curiosité que pour l'utilité particuliere du commerce, qui a rarement besoin de faire ces sortes de transformations, et qui peut d'ailleurs s'en dispenser en assortissant les mesures entr'elles, comme je l'enseigne aux pages 57 et suivantes.

DES REGLES DE L'ARITHMÉTIQUE.

Quoique l'on puisse faire des additions et des soustractions avec le *Comparateur*, je n'amuserai cependant pas le lecteur à lui en enseigner la maniere; il lui suffira de savoir qu'il les fera infiniment mieux par les calculs; ainsi, je ne parlerai absolument que de la *multiplication*, de la *division*, et de la *regle de trois*, qui se font avec le plus grand avantage de cette maniere.

Je ferai seulement observer qu'afin de ne pas trop compliquer le travail, qui deviendrait pénible et difficultueux s'il fallait que l'on eût à opérer par les trois colonnes *A*, *B*, *C* (attendu qu'il n'en est pas des opérations de l'arithmétique, qui admettent toute sorte de différence entre les multiplicateurs et les multiplicandes, ainsi qu'entre les diviseurs et les dividendes, comme des mesures que l'on doit assortir entr'elles si l'on ne veut pas avoir des opérations combinées), je n'opérerai que par le moyen des colonnes *B* et *C*

G

De la multiplication.

La multiplication consiste, 1°. à placer le *multiplicande* selon la caractéristique de ses premiers chiffres dans la colonne qu'il doit occuper; 2°. à ouvrir sur la parallele horisontale le compas d'autant de transversales que les deux premiers chiffres l'exigent; 3°. et à porter son compas ainsi ouvert sur le comparateur *B*, si le multiplicande est au-dessous de 300, et sur le comparateur *C* s'il est au-dessus.

Voici maintenant le résultat du produit de ces deux opérations, selon qu'on opere par chacun des comparateurs; car elles different toujours essentiellement, ainsi qu'on va le voir.

Des multiplications faites par le comparateur B.

Premiere regle. Quand il n'y a qu'un chiffre au multiplicande et au multiplicateur, les transversales représentent alors des unités.

Ainsi, 2 multipliés par 6 (ce qui se fait en ouvrant le compas de 6 ou 60 transversales sur 200, c'est-à-dire sur 2, et en le portant ainsi ouvert sur le comparateur *B*, car toutes les fois qu'un ou plusieurs chiffres sont suivis d'un on de plusieurs zéros, on peut les ôter moyennant qu'on ne les emploiera pas dans le reste de l'opération), produisent 12 transversales si on ne l'a ouvert que de 6, et 120 transversales si on l'a ouvert de 60, qui indiquent dans tous les cas qu'il ne faut compter que 12 unités, puisque les 120 transversales ne viennent que de ce que l'on a décuplé leur valeur, et que toutes les fois que cela arrive, il faut décimer le produit : or, si on fait attention au calcul arithmétique, on verra que 2 multipliés par 6 produisent toujours 12.

Seconde regle. Quand il n'y a qu'un chiffre au multiplicande et deux au multiplicateur, les transversales représentent encore des unités.

Ainsi, 2 multipliés par 42 (ce qui se fait en ouvrant le compas de 42 transversales sur 200, c'est-à-dire sur 2, et en le portant ainsi ouvert sur le comparateur *B*), produisent 84 transversales, qui indiquent que 2 multipliés par 42, font 84 objets ; en effet, le calcul arithmétique nous l'apprend.

Troisieme regle. Quand il y a deux chiffres au multiplicande et 2 au multiplicateur, les transversales représentent alors des dixaines d'unités.

Ainsi, 28 multipliés par 32 (ce qui se fait en ouvrant le compas de 32 sur 280, c'est-à-dire sur 28, et en le portant ainsi ouvert sur *B*), produisent 89 transversales et demie, qui indiquent que ces deux nombres multipliés ensemble font 89 dixaines ½ d'objets, c'est-à-dire 895. En effet, l'arithmétique nous fait venir au quotient 896, qui ne different que d'un millieme du produit trouvé linéairement.

Quatrieme regle. Quand il y a deux chiffres au multiplicande et trois au multiplicateur, les transversales représentent alors des centaines d'unités.

Ainsi, 26 multipliés par 355 (ce qui se fait en ouvrant le compas de 35 transversales ½ sur 260, c'est-à-dire sur 26, et le portant ainsi ouvert sur *B*), produisent 92 transversales ⅓, qui indiquent que ces deux nombres multipliés ensemble font 92 centaines un tiers d'objets, autrement 9233. En effet, l'arithmétique nous fait venir au quotient 9230, qui ne different que de 3 dix-milliemes de ce dernier résultat.

Cinquieme regle. Quand il y a trois chiffres au multiplicande, et trois au multiplicateur, les transversales représentent alors des milliers d'unités.

Ainsi, 246 multipliés par 345 (ce qui se fait en ouvrant le compas de 34 transversales et demie sur 246, c'est-à-dire sur le troisieme petit trait après 240, et le portant ainsi ouvert sur *B*), produisent 85 transversales moins quelque chose, qui indiquent que ces deux nombres multipliés ensemble font bien près de 85 mille objets. En effet, l'arithmétique nous fait venir 84870, qui ne diffèrent que de quelques milliemes du véritable calcul, puisque le compas nous laisse quelque chose de moins que 85000 (1).

Je ne pousse pas plus loin ces exemples, puisqu'il est aisé de voir que la valeur des transversales trouvées sur le comparateur *B* croît toujours en raison du nombre de chiffres qui se trouvent taut au multiplicande qu'au multiplicateur, et qu'ainsi on peut établir la regle suivante.

Regle pour savoir ce que valent les transversales quand on fait des multiplications linéaires, et quand le multiplicande *dépendant de la colonne* B *oblige de porter le compas ouvert sur le comparateur* B (2).

Tout nombre de transversales trouvées sur le

---

(1) Je vais faire connaître sur le serré des lignes, qui semble rendre douteuses les transformations faites sur le comparateur *B*, un moyen très-simple d'obtenir de meilleurs résultats; c'est de présenter son compas tout ouvert sur la parallele horisontale 200 de la colonne *B*, et de la doubler pour avoir le nombre de transversales cherché, parce qu'alors on obtient une précision beaucoup plus rigoureuse. En effet, on pouvait admettre qu'ayant 85 ttansversales entieres sur le comparateur *B*, tandis que sur la ligne horisontale 200, on voit qu'il s'en faut d'un dixieme que les 85 transversales aient lieu : or, cela s'accorde supérieurement avec le calcul, qui fait venir 84870. Il faut donc employer ce moyen toutes les fois que l'on doute.

(2) On sait bien que tout *multiplicande* peut devenir à volonté *multiplicateur*, et tout *multiplicateur multiplicande;* mais comme il faut toujours finir par un choix quelconque, j'ai supposé dans les exemples qui précedent qu'il a été fait, et que c'est pour cela que l'on a opéré par *B;* car il est bon de savoir en même-temps que pour tous les cas où la caractéristique du multiplicateur excédait 3, on pouvait aussi bien opérer par *C* que par *B*, en faisant du *multipli-cateur* le *multiplicande*.

comparateur *B* devient le numérateur obligé des unités, des dixaines d'unités, des centaines d'unités, des milliers d'unités, etc., qui doivent résulter de la multiplication. Ainsi,

Si celle qui est à faire présente deux ou trois chiffres, le nombre de transversales trouvées sur *B* devient le numérateur des unités du produit.

Si elle en présente *quatre*, il devient celui des dixaines d'unités du produit ;

Si elle en présente *cinq*, celui des centaines d'unités du produit ;

Si elle en présente *six*, celui des milliers d'unités du produit ;

Si elle en présente *sept*, celui des dix-milliers d'unités du produit.

Si elle en présente *huit*, celui des cent-milliers d'unités du produit.

Si elle en présente *neuf*, celui des millions d'unités du produit.

Ainsi du reste : et notez qu'il importera peu que le *multiplicande* en ait un plus grand ou un plus petit nombre que le *multiplicateur, et vice versâ*, pourvu que les deux lignes de chiffres fassent ensemble le nombre requis.

Des multiplications faites par le comparateur C.

Premiere regle. Quand il n'y a qu'un chiffre au *multiplicande* et au *multiplicateur*, les transversales représentent alors des dixaines d'unités.

Ainsi 5 multipliés par 6, (ce qui se fait en ouvrant le compas de 6 ou 60 transversales sur 500, c'est-à-dire sur 5 (voyez la 1^erc. regle pour le comparat^r. *B,* page 58), et en le portant ainsi ouvert sur le comparateur *C*), produisent 5 transversales si on ne l'a ouvert que de 6, et 50 si on l'a ouvert de 60 ; ce qui indique dans tous les cas qu'il faut compter 50 unités, puisque dans le 1er. cas 5 transversales représentent

5 dixaines d'unités faisant 5o, et dans le 2ᵉ. cas 5o
dixaines d'unités ou 5oo, qui décimées (puisqu'on a
décuplé le multiplicateur) font le même nombre de
5o unités : en effet, 5 fois 6 font par le calcul 5o.

Deuxieme regle. Quand il n'y a qu'un chiffre au
multiplicande et 2 au *multiplicateur*, les transversales représentent encore des dixaines d'unités.

Ainsi 5 multipliés par 25 (ce qui se fait en ouvrant
le compas de 25 transversales sur 5oo, c'est-à-dire
sur 5, et en le portant ainsi ouvert sur le comparateur *C*), produisent 12 transversales et demie, qui
indiquent que ces deux nombres multipliés ensemble
font 12 dixaines et demie d'unités, c'est-à-dire 125
unités : en effet, l'arithmétique nous fait venir au
produit 125.

Troisieme regle. Quand il y a 2 chiffres au *multiplicande* et 2 au *multiplicateur*, les transversales
représentent alors des centaines d'unités.

Ainsi 52 multipliés par 28, inverse de la 3ᵉ. regle
placée page 59 ci-devant (ce qui se fait en ouvrant le
compas de 28 sur 52o, qui est le 4ᵉ. trait après 5oo,
c'est-à-dire sur 32, et en le portant ainsi ouvert sur le
comparateur *C*), produisent 9 transversales faibles,
qui indiquent que 28 fois 52 font bien près de 9 centaines, c'est-à-dire environ 895.

J'aurais bien ici poussé les exemples jusqu'à la 5ᵉ.
regle, et mémé au-delà : mais comme la différence
entre les produits va toujours croissant en raison du
nombre de chiffres qui se trouvent au *multiplicande*
et au *multiplicateur*, et que la seule différence qu'ils
ont avec ceux du comparateur *B* est qu'à nombre
égal de chiffres les produits du comparateur *C* sont
toujours décuples de ceux du comparateur *B*; il suit
de-là que si jusqu'à 3 chiffres le nombre des transversales devient le numérateur des dixaines d'unités du
produit, et jusqu'à 4 chiffres le numérateur des
centaines.

5 chiffres le font nécessairement devenir le numérateur des milliers d'unités du produit.

6 chiffres celui des dix-milliers d'unités du produit.

7 chiffres celui des cent-milliers d'unités du prod.

Et 8 chiffres celui des millions d'unités du produit.

Et qu'ainsi on peut, si l'on veut, ne retenir que la 1ere. de ces deux regles, pourvu qu'on se ressouvienne, quand on opere par le comparateur C, qu'à nombre égal de chiffres les transversales ont toujours une valeur décuple de celle qu'on trouve par le comparateur B. Or, c'est une chose bien facile à retenir.

De la division.

Puisque toute division est l'inverse d'une multiplication, et que le produit de cette derniere regle se trouve toute entiere, soit par le comparateur B, soit par le comparateur C, on doit donc trouver naturel dans la *division*, que le *dividende* soit toujours le comparateur B quand la caractéristique du diviseur est inférieure au nombre 3, et le comparateur C quand elle est au-dessus.

Ce principe posé, je vais présenter successivement ces deux sortes de divisions.

Des divisions faites par le comparateur B.

Premiere regle. Quand il n'y a qu'un chiffre au dividende et un chiffre au diviseur, les transversales trouvées sur le diviseur deviennent des unités.

Ainsi, 8 divisés par 2 (ce qui se fait en ouvrant le compas de 8 ou de 80 transversales sur le comparateur B, et le portant ainsi ouvert sur 200 pour 2), produisent 4 transversales si on ne l'a ouvert que de 8, et 40 transversales si on l'a ouvert de 80, qui indiquent dans tous les cas qu'il ne faut compter que 4 unités, puisque les 40 transversales ne viennent que de ce que l'on a décuplé le dividende, et que toutes les fois que le cas arrive, il faut décimer le quotient : or, si l'on divise arithmétiquement 8 par 2, il viendra 4 au quotient.

Seconde regle. Quand il y a deux chiffres au dividende et un au diviseur, les transversales trouvées sur le diviseur deviennent encore des unités.

Ainsi, 72 divisés par 3 (ce qui se fait en ouvrant le compas de 72 transversales sur le comparateur *B*, et le portant ainsi ouvert sur 300 pour 3), produisent 24 transversales, qui indiquent que ces deux nombres divisés l'un par l'autre font venir 24 au quotient ; divisez en effet 72 par 3, et vous verrez qu'il viendra 24.

Troisieme regle. Quand il y a deux chiffres au dividende et deux au diviseur, les transversales trouvées sur le diviseur deviennent des dixiemes d'unités.

Ainsi, 96 divisés par 12 (ce qui se fait en ouvrant le compas de 96 sur le comparateur *B*, et le portant ainsi ouvert sur 120 pour 12), produisent 80 transversales, qui, décimées puisqu'elles ne représentent que des dixiemes, nous apprennent que 96 divisés par 12, font venir 8 au quotient, ainsi que l'arithmétique nous l'apprend également.

Quatrieme regle. Quand il y a trois chiffres au dividende, et deux au diviseur, les transversales trouvées sur le diviseur deviennent des unités.

Ainsi, 920 divisés par 28 (ce qui se fait en ouvrant le compas de 92 sur le comparateur *B*, et le portant ainsi ouvert sur 280 pour 28), produisent 33 transversales, qui indiquent que 920 divisés par 28 font venir 33 au quotient, ce qui ne diffère que d'un dixieme de la vérité, puisque cette division, faite au calcul, produit 32,9.

Cinquieme regle. Quand il y a quatre chiffres au dividende et deux au diviseur, les transversales trouvées sur le diviseur deviennent des dixaines d'unités.

Ainsi,

Ainsi, 9750 divisés par 26 (ce qui se fait en ouvrant le compas de 97 et demie sur le comparateur B,
et le portant ainsi ouvert sur 260 pour 26), produisent 37,50 transversales, qui indiquent que 9750
divisés par 26, font venir au quotient 37,50 dixaines,
ou 375 entiers.

Il est donc bien clairement prouvé, d'après les
exemples qui précedent, que si *un chiffre de plus
au dividende qu'au diviseur* rend les transversales
des unités, et deux chiffres de plus des dixaines
d'unités, ainsi qu'un nombre égal à l'un et à l'autre,
des dixiemes d'unités; il faut nécessairement établir
la regle suivante.

*Regle pour savoir ce que valent les transversales
quand on fait des divisions linéaires, et quand
le diviseur, dépendant de la colonne B, oblige
d'ouvrir son compas sur le comparateur B, avant
de le présenter sur le même diviseur.*

Majorité du dividende.

Un chiffre de plus au dividende qu'au diviseur fait
des unités.

Deux chiffres de plus, des dixaines d'unités.

Trois chiffres de plus, des centaines d'unités.

Quatre chiffres de plus, des milliers d'unités.

Cinq chiffres de plus, des dix-milliers d'unités,
ainsi du reste.

Majorité du diviseur.

Un chiffre de plus au diviseur qu'au dividende,
fait des centiemes d'unités.

Deux chiffres de plus, des milliemes.

Trois chiffres de plus, des dix-milliemes.

Quatre chiffres de plus, des cent-milliemes.

Cinq chiffres de plus, des millionemes, ainsi du
reste.

H

Des divisions faites par le comparateur C.

Premiere regle. Quand il n'y a qu'un chiffre au dividende et un chiffre au diviseur, les transversales trouvées sur le diviseur deviennent des dixiemes d'unités.

Ainsi, 2 divisés par 8 (ce qui se fait en ouvrant le compas de 2 ou 20 transversales sur le comparateur C, et le portant ainsi ouvert sur 800 pour 8), produisent 2 transversales $\frac{1}{2}$, si on ne l'a ouvert que de 2, et 25 transversales si on l'a ouvert de 20, qui indiquent dans tous les cas qu'il faut compter 2 dixiemes $\frac{1}{2}$, autrement 25 centiemes, puisque si l'on divise arithmétiquement 2 par 8, il viendra 0,25, qui exprimeront 2 dixiemes $\frac{1}{2}$, autrement 25 centiemes.

Seconde regle. Quand il y a 2 chiffres au dividende et un chiffre au diviseur, les transversales trouvées sur le diviseur deviennent encore des dixiemes d'unités.

Ainsi, 36 divisés par 6 (ce qui se fait en ouvrant le compas de 36 transversales sur le comparateur C, et le portant ainsi ouvert sur 600 pour 6), produisent 60 transversales, qui indiquent que ces deux nombres divisés ainsi font venir 6 au quotient. En effet, 60 dixiemes d'entiers ne font autre chose que 6 entiers ; et si vous divisez arithmétiquement 36 par 6, il viendra au quotient ce même nombre.

Troisieme regle. Quand il y a deux chiffres au dividende, et un pareil nombre au diviseur, les transversales trouvées sur le diviseur deviennent des centiemes.

Ainsi, 72 divisés par 48 (ce qui se fait en ouvrant le compas de 72 transversales sur le comparateur C, et le portant ainsi ouvert sur 480 pour 48), produisent 150 transversales qui, centimées, puisqu'elles ne représentent que des centiemes, nous apprennent que 72 divisés par 48 font venir 1,5 au quotient, ainsi que l'arithmétiqué nous l'apprend.

Quatrieme regle. Quand il y a 3 chiffres au dividende et 2 au diviseur, les transversales trouvées sur le diviseur deviennent des dixiemes d'unités.

Ainsi, 480 divisés par 54 (ce qui se fait en ouvrant le compas de 48 sur le comparateur C, et le portant ainsi ouvert sur le diviseur 540, troisieme trait après 525), produisent 88 transversales 2 tiers, autrement 88,67, qui, décimées puisqu'elles ne représentent que des *dixiemes*, nous apprennent que 480 divisés par 54 font venir 8,87 au quotient, ainsi que l'arithmétique nous l'apprend. En effet, il ne s'en faut que d'un *millieme* que l'opération linéaire soit d'accord avec celle des calculs, puisqu'elle fait venir 8,88.

Cinquieme regle. Quand il y a quatre chiffres au dividende et deux au diviseur, les transversales trouvées sur le diviseur deviennent des unités.

Ainsi, 3650 divisés par 45 (ce qui se fait en ouvrant le compas de 36 transversales et demie sur le comparateur C, et le transportant ainsi ouvert sur le diviseur 450), produisent 81 transversales 1 dixieme, qui, conservées dans leur intégrité, font voir que 3650 divisés par 45 font exactement 81,1, ainsi que le prouve l'opération arithmétique elle-même.

Il est donc encore clairement prouvé, d'après les exemples qui précedent, que si l'égalité des chiffres au dividende et au diviseur rend les transversales des centiemes d'unités, un chiffre de plus au dividende des dixiemes d'unités, deux de plus des unités, il faut nécessairement que la regle pour le comparateur C soit celle-ci :

Pour la majorité du dividende :

Un de plus au dividende.. des dixiemes.
Deux de plus........... des unités.
Trois de plus........... des dixaines.

H 2

Quatre de plus............des centaines.
Cinq de plus............des milliers, etc.

Et pour la majorité du diviseur :

Un de plus au diviseur......des milliemes.
Deux de plus............des dix-milliemes.
Trois de plus............des cent-milliemes.
Quatre de plus............des millionemes.
Cinq de plus............des dix-millionemes., etc.

Ensorte que, comme pour la multiplication, il y a toujours essentiellement une différence décuple entre les comparateurs B et C, et que l'on peut faire même cette remarque générale, que dans la multiplication c'est toujours la colonne C qui est décuple de la colonne B, tandis que dans la division c'est la colonne B qui est toujours décuple de la colonne C.

De la regle de trois.

La regle de trois est comme on sait composée d'une multiplication et d'une division. C'est donc dire que ce sont deux ouvertures de compas qu'il faut prendre nécessairement, l'une sur le *multiplicande*, pour obtenir le produit cherché, et l'autre sur le produit devenu *dividende*, pour obtenir le quotient cherché.

Soit en effet la regle suivante :

$$20 : 40 :: 60 : x$$

Nous allons savoir, en multipliant 60 par 40, qui sont les deux derniers termes connus de la proportion (c'est-à-dire en ouvrant notre compas de 60 transversales sur 400 pour 40, et le portant ainsi ouvert sur le comparateur C, puisque le multiplicande est de la colonne C) que 60 multipliés par 40 produisent 24 centaines (voyez la regle, page 63), c'est-à-dire 2400, et en ouvrant ensuite notre compas de 240 transversales sur le comparateur B, puisque le diviseur 20 est de la colonne B (ce qui se fait, soit en l'ouvrant de 24 transversales sur le comparateur B,

soit en l'ouvrant de 240 sur le même comparateur,
et le transportant ainsi ouvert sur 200 pour 20),
nous allons apprendre également que le quotient
cherché est 120, puisque le compas ouvert sur 24
du comparateur B (dixieme de 240), nous donne
12 transversales sur 200, qui, décuplés, font 120,
et qu'ouvert naturellement sur 240 du même comparateur B, il nous donne exactement 120.

Or, on n'a qu'à multiplier arithmétiquement 60 par
40, et diviser le produit par 20, il viendra 120, quantité cherchée et parfaitement conforme à l'opération.

Et dans la supposition où l'on aurait fait cette
opération sur des quantités rompues, et sans aucun
rapport entr'elles, comme les regles suivantes, dont
les deux premieres présentent une gradation de valeur, et la derniere une diminution, savoir :

$$27 : 42 :: 63 : x$$
$$282 : 6473 :: 890 : x$$
$$\text{Et } 4837 : 524 :: 145 : x$$

On n'aurait pas plus de peine à faire ces trois regles
que la premiere, puisqu'en multipliant 42 par 63
(c'est-à-dire en ouvrant son compas de 63 sur 42,
et le transportant ainsi ouvert sur C ; ouvrant ensuite
ce même compas sur le comparateur B du nombre
de transversales trouvées sur C, c'est-à-dire de 26,60,
et le transportant ainsi ouvert sur 270 pour 27), on
trouverait pour résultat la quantité de 9,80 tranversales, produisant 98 entiers.

Qu'en multipliant 6473 par 890 (c'est-à-dire en
ouvrant son compas de 64 $\frac{3}{4}$ transversales sur 890,
le transportant ainsi ouvert sur C, l'ouvrant ensuite
sur B, du nombre de transversales trouvées sur C,
c'est-à-dire de 57,60, et le transportant ainsi ouvert sur 282, etc.), on trouverait idem pour résultat
la quantité de 20,40 transversales, produisant 20400.

Et qu'en multipliant enfin 224 par 145, c'est-à-dire en ouvrant son compas de 22 transversales 1 tiers sur 145, le transportant ainsi ouvert sur B, et l'ouvrant ensuite sur C du nombre de transversales trouvées sur B, c'est-à-dire de 33, pour le transporter ainsi ouvert sur 4837, on trouverait pour quotient 67 transversales, produisant 6,70; le tout en se conformant aux regles indiquées ci-devant, pour la maniere de considérer les transversales dans l'évaluation des produits et des quotients.

Mais ce que je dois particulierement faire remarquer, c'est l'avantage que présente cette regle toutes les fois que la division se fait par la colonne qui a contribué au produit de la multiplication; car alors, sans s'embarrasser de connaître le produit de cette derniere regle, on porte son compas tel qu'il est ouvert sur le nombre formant le premier terme, qui est comme on sait le *diviseur*, et qui fait connaître, par le moyen de ses transversales, le nombre dont le quatrieme terme doit être composé.

Supposons en effet la simple regle de trois qui suit.

$$40 \; : \; 60 \; :: \; 80 \; : \; 120$$

Nous verrons à l'instant, et sans employer deux ouvertures de compas, que le nombre de 120 transversales viendra, par la seule ouverture de 60 transversales sur 800, et transportées au même instant sur 400.

Et que quand on aurait eu cette autre regle de trois en nombres irréguliers à faire, tels que

$$43 \; : \; 67 \; :: \; 82 \; : \; 127,5$$

on aurait vu également à l'instant qu'en ouvrant son compas de 82 transversales sur 670 (4e. trait après 650), et le transportant ainsi ouvert sur 430 (1er. trait après 425), on obtenait 127 transversales ½, quatrieme terme cherché, et qui ne differe que de 2 milliemes du même terme obtenu arithmétiquement (1).

---

(1) 127,7.

Je pousserais bien plus loin ces opérations; je ferais bien voir que l'on peut, à l'aide de mon Comparateur, calculer les raisons et proportions des nombres, faire les regles de fausse position, d'escompte et d'alliage, opérer par la regle conjointe dans les changes et arbitrages, extraire les racines quarrées et cubiques, bref, résoudre les problêmes les plus curieux et les plus intéressans de l'arithmétique; mais il faut savoir s'arrêter quand il convient. A force de vouloir donner de l'étendue à mon ouvrage, je pourrais effrayer ceux qui se font un fantôme de toute espece d'étude, et alors je deviendrais la cause qu'ils ne se livreraient qu'avec répugnance à celle que j'exige. Or, je suis si éloigné de le vouloir, que si je suis entré dans tous les détails qu'on vient de lire, ça été uniquement pour donner une idée des propriétés de mon Comparateur aux hommes instruits, et nullement pour obliger ceux qui n'ont besoin que des transformations pures et simples de leurs mesures, à se farcir la tête d'opérations qui leur seraient absolument étrangeres ; aussi me flatté-je que chacun ne verra dans cet ouvrage que ce qui peut l'intéresser, et qu'il abandonnera tout ce qui peut aller au-delà de ses besoins.

En effet, le Comparateur ne servirait-il qu'à préparer et vérifier les grandes multiplications et divisions qui sont sans cesse à faire dans les opérations que je viens d'indiquer, ce serait encore une propriété précieuse que celle de les faciliter. Tout le monde ne sait-il pas que la nécessité de multiplier ou diviser un grand nombre de chiffres l'un par l'autre est toujours infiniment pénible, et que si l'on est très-pressé, par exemple, d'obtenir un résultat ou de vérifier un calcul fait, comme quand on n'a que quelques instans pour se déterminer à transiger avec quelqu'un pour des arbitrages de change ou toute autre opération de ce genre, c'est l'affaire d'un clin d'œil de se servir du Comparateur pour obtenir ces résultats, parce que la seule présentation du multiplicateur sur la ligne du multiplicande donne un produit exact de 3 à 4 chiffres dans une multiplication de 8 à 10 chiffres, et que la même présentation du compas sur le comparateur B ou C produit au quotient un pareil nombre de 3 à 4 chiffres dans une division de 8 à 10 chiffres. Or, c'est aux hommes à qui le temps est précieux que je m'adresse, pour savoir si l'économie du temps n'est pas toujours avantageuse dans le commerce, et si des opérations très-fatigantes de l'esprit qui se trouvent faites par un espece de mécanisme, ne sont pas de nature à fixer l'attention des hommes de cabinet, telle sorte d'étude qu'ils aient entrepris, et à tel genre de commerce qu'ils se soient livrés.

Et puis il faut être juste : si, parce qu'il faut faire une petite étude de la nouvelle science que je propose, il arrive qu'on ne veuille pas se donner la moindre peine pour l'approfondir, il est clair qu'elle sera toujours comme si elle n'existait pas ; et qu'ainsi il faudra continuer de se fatiguer à faire des transformations de mesures quand on peut s'en éviter la peine ; mais si, surmontant les premieres difficultés, on cherche à se familiariser soi-même avec l'étude que l'on a à faire, soit en étudiant la partie de l'instruction que l'on croit nécessaire à ses besoins, soit en conversant avec ceux qui l'ont étudiée, soit enfin en consultant ceux qui se sont établis volontairement instituteurs de cette partie dans les principales communes de la république, il est sûr qu'alors on pourra non-seulement se donner une idée très-avantageuse de cette science ; mais que l'on pourra l'approfondir, s'y exercer et s'y familiariser au point d'y devenir très-habile en peu de temps : comme d'un autre côté,

si

si on ne veut pas que les transformations de mesure que l'on aura à faire journellement occasionnent le moindre travail d'esprit, on pourra s'éviter, si l'on veut, toute espece d'application, en se procurant des comparateurs accompagnés de papier blanc, sur lesquels on pourra tracer toutes les mesures avec lesquelles on est dans l'usage de travailler. Aussi voilà pourquoi j'ai voulu finir mon instruction par l'article suivant.

Maniere *de rendre le* Comparateur *un objet* purement mécanique.

Si on veut faire de la transformation des mesures un objet purement mécanique, c'est de tracer sur son *Comparateur* toutes les mesures dont on se sert le plus habituellement, et d'en écrire les noms à leur place, comme on voit que je l'ai pratiqué pour celles qui sont le plus en usage à Paris, parce qu'alors on est dispensé de chercher leurs *unités métriques* dans les tables, et que si l'on a eu soin de les assortir entr'elles de la manière dont je l'ai indiqué page 11 de mon Instruction, on n'a plus que son compas à ouvrir, et les transversales qu'il embrasse entre ses deux pointes à compter, pour savoir combien *tant* d'une mesure fait *tant* d'une autre.

On sent qu'un avantage semblable doit être parfaitement apprécié :

Par l'administrateur, par le juge, par l'homme de loi, par l'huissier, par le notaire, par l'arpenteur, etc., obligés continuellement d'exprimer dans leurs actes tous les genres possibles de mesures, et d'en déterminer les différens rapports.

Par l'agriculteur, par le fabricant, par le négociant, par l'artisan, trop occupés de ce qui les intéresse pour se livrer à des méditations savantes, à des études longues et pénibles.

I

Par le savant, qui a bien la conception vaste, mais à qui la briéveté des instans ne permet pas de faire plusieurs opérations à la fois.

Et enfin par tous les citoyens indistinctement, qui ne peuvent pas avoir l'esprit tendu continuellement sur des objets mathématiques ; et qui, pour ne pas ignorer la science du calcul, ne sont pas moins fatigués à retenir des règles nouvelles, à poser des cas nouveaux, à former des distinctions d'un genre neuf.

Aussi ne me voit-on pas hésiter de leur proposer ce *tracé* comme le seul moyen de propager une nouvelle science, dont le but est de régénérer le commerce, d'en bannir l'astuce, d'y rétablir la bonne-foi, et de faciliter sur-tout l'exécution du *nouveau systéme des mesures*, qui, SANS MOYENS TRANSFORMATIFS, est exposé à rester une superbe théorie, pour ne pas dire une brillante chimère.

J'engage donc ceux qui me lisent à bien se pénétrer de cette vérité. Ils feront bien sans doute d'étudier l'Instruction qui précède ; car la science n'est jamais nuisible : mais comme l'exécut°ⁿ. est toujours la pierre de touche des systêmes, ils verront alors que le seul moyen d'établir celui-ci, est de s'occuper uniquement de cet objet, et d'en bannir toutes les abstractions.

Ainsi ils sont prévenus qu'ils trouveront chez moi, *quai des Augustins, n°. 42,* des Comparateurs tous préparés, sur lesquels ils n'auront plus que ces *tracés* à faire, et que ces *tracés* pourront, non-seulement y être faits sous leurs yeux, mais que pour peu qü'ils soient familiarisés à l'usage du Comparateur, ils seront en état de les tracer eux-mêmes au moyen des unités métriques qu'ils auront appris à se procurer par le moyen de la présente Instruction.

TABLE DES MATIERES

Contenues dans cet ouvrage.

INTRODUCTION,   page *iij*

Description du Comparateur linéaire universel,   *vj*

Avis essentiel sur le Comparateur,   *xv*

Des cinq regles générales et fondamentales, 1ere.

Définition de l'unité métrique,   4

Son application à la transformation des mesures par le moyen des colonnes A, B, C,   6

De la numération des trois colonnes, et de la maniere de placer son compas au point convenable sur le bord du Comparateur,   7

Propriété que la numération précéd. a de s'appliquer au systême métrique de telle nation que ce soit,   10

Moyen d'assortir les mesures à transformer de maniere à n'avoir jamais qu'une ouverture de compas à prendre,   11

De la transformation en général, et en particulier de celle du prix ou de l'inverse,   12

Application des principes qui précedent à la transformation des mesures anciennes entr'elles,   15

Application des mêmes principes à la transformation des mesures anciennes en nouvelles,   19

Effets de la loi qui enjoindroit indistinctement à tous les citoyens de parler le langage des mesures,   22

Nouveaux détails qui n'étaient pas dans la premiere

édition, et qu'il est très-intéressant de lire dans celle-ci,   page 25

Maniere de se procurer l'unité métrique de tous les pays du monde,   26

Nouveaux développemens sur l'assortiment des mesures entr'elles, de maniere à n'avoir jamais à opérer que dans la même colonne,   37

Transformation en mesures analogues,   48

Maniere de transformer les mesures disparates entre elles, c'est-à-dire de considérer les transversales quand les unités métriques ont un nombre inégal de chiffres avant la virgule, ou de zéros avant les chiffres,   52

Des regles d'arithmétique,   57

De la multiplication,   58

De la division,   63

De la regle-de-trois.   68

Maniere de rendre le Comparateur un objet purement méchanique,   73

De l'Imprimérie de PELLIER, rue des Carmes, n°. 1.